H. R. Göppert

Über Inschriften und Zeichen in lebenden Bäumen

H. R. Göppert

Über Inschriften und Zeichen in lebenden Bäumen

ISBN/EAN: 9783743301443

Hergestellt in Europa, USA, Kanada, Australien, Japan

Cover: Foto ©berggeist007 / pixelio.de

Manufactured and distributed by brebook publishing software
(www.brebook.com)

H. R. Göppert

Über Inschriften und Zeichen in lebenden Bäumen

Ueber

Inschriften und Zeichen

in lebenden Bäumen.

Von

Professor Dr. H. R. Göppert,

geheimen Medicinal-Rathe und Director des botanischen Gartens.

. . . . . ~~

(Aus einem in der Versammlung des schlesischen Forstvereins zu Oppeln den
14. Juli 1868 gehaltenem und im Februar dieses Jahres noch ergänztem
Vortrage.)

Mit fünf lithographirten Tafeln.

→

Breslau.

In Kommission von E. Morgenstern
(fr. Aug. Schulz u. Komp.)
1869.

Archivarische Treue und Sorgfalt, mit welcher die Bäume das ihnen Anvertraute aufbewahren, wurden am Eingange scherzhafterweise als Eigenschaften bezeichnet, die in ihrer Vortrefflichkeit von ihren Hütern, den Herren Forstmännern, vielleicht noch lange nicht genug gewürdigt erschienen, und in der That, Nichts geht davon verloren: Inschriften, zufällig und absichtlich in ihr Inneres gelangte fremdartige Körper wie Knochen, Gewächse, Früchte von Nadelhölzern, Eicheln, Steine aller Art, Kugeln, Ketten, Waffen u. s. w., werden allmälig von Holzschichten überwallt; dem äußern Anblick entzogen und finden sich dann beim Spalten oft tief im Holze wieder, ebenso selbst Thiere und menschliche Gerippe im Innern hohler Bäume, wenn sie sich allmälig wieder schlossen.

Schon Theophrast, einer der ältesten naturhistorischen Autoren, der von vielen so zu sagen natürlichen Vorgängen im Leben der Bäume bereits sehr richtige Vorstellungen hatte, erwähnt auch schon der Verwachsung von Bruchstücken von Bäumen und erklärt dies auf eine sehr naturgemäße Weise. Fast zweitausend Jahre vergingen nun, ehe man sich wieder damit beschäftigte. Thomas Bartholinus in Kopenhagen erwarb sich dies Verdienst im Jahre 1654. Eine in einer Eiche entdeckte Kinnlade eines Pferdes wird von ihm beschrieben und das ganze

Phänomen auch ursächlich sehr gut motivirt. Teichmeyer,
J. Clark u. A. im 18. Jahrh. gedenken in Bäumen entdeckter
Hörner von Hirschen, Olearius von Elenthieren; Tollius,
Moehsen und Keyßler warnen vor Kunstproducten dieser Art,.
durch welche die Jäger oft versuchten, das Wohlwollen ihrer
Herren zu erwerben. Auf solchen Täuschungen beruhen auch offen=
bar die Angaben von noch lebenden, im Innern von
Bäumen gefundenen Kröten. Der berühmte Astronom
Richard Bradlejus versichert freilich, eine lebende Kröte mitten
in einem Stamme gesehen zu haben. Seignius bestimmt sogar
die Jahresringe, 80—100, die über einem Thiere dieser Art zu
sehen gewesen.

Bekanntlich fehlt es nicht bis auf die Gegenwart an solchen
Erzählungen, doch beziehen sie sich meistens auf ihr Vorkommen
in Steinschichten, in denen sie sich angeblich eine undenklich lange
Reihe von Jahren lebend erhalten haben sollen. Wer aus Erfahrung
weiß, wie sehr sich oft scheinbar völlig harmlose Leute bemühen,
Naturforscher zu täuschen, und dann doch auch die zur Existenz
dieser Thiere erforderlichen Lebensbedingungen in Erwägung zieht,
wird keinen Augenblick anstehen, alle jene Angaben ins Reich der
Fabeln zu verweisen. Inzwischen hielt ich es einst vor vielen
Jahren, 1837, als eben wieder einmal einige recht auffällige
Erzählungen dieser Art die öffentliche Aufmerksamkeit beschäftigten,
für nothwendig, ein Paar Experimente anzustellen, worauf ich
mir erlaube, hier zurückzukommen, da sie damals in einer über
andere Gegenstände handelnden Arbeit nur beiläufig erwähnt und
daher vielleicht weniger allgemein bekannt wurden. Der jetzt noch
lebende Director der hiesigen Bau= und Kunstschule, Herr Dr. Ge=
bauer assistirte mir hiebei. Am 1. August 1837 wurden aus=
gewachsene Exemplare des gewöhnlichen braunen Frosches (Rana
temporaria) und der grauen Kröte (Bufo cinereus), jedes
Thier besonders in ein hinreichend weites und langgezogenes

---

*) Ueber die Bildung der Versteinerungen auf nassem Wege (Poggen-
dorff's Annalen) Bd. XXXII. 1837. Nr. 13, S. 603.

Cylinderglas gebracht und dann das Gefäß sehr vorsichtig zuge=
schmolzen, so daß die Thiere von der hiezu erforderlichen hohen
Temperatur nicht beschädigt wurden. Rasch traten heftige
Respirationsbeschwerden ein, die ihrem Leben bald
ein Ende machten, woraus denn, wie ich meine, sich
hinreichend ergiebt, was man von der Glaubwürdigkeit obiger
Angaben zu halten hat. Es wäre ersprießlicher, durch solche
Experimente ihre Wahrheit zu prüfen, als sich mit gewundenen
Erklärungs=Versuchen zu befassen, wie Naturforscher leider
nur zu oft in solchen Fällen zu thun pflegen. Wahrlich es ist
an der Zeit, daß alle solche Erzählungen endlich ein=
für allemal in das Reich der Fabeln verwiesen wür=
den und aus unseren Annalen für immer verschwänden.

Das größte Interesse aber haben von jeher die in Bäumen
wider Erwarten entdeckten Zeichen und Inschriften erregt,
wie aus zahlreichen Mittheilungen erhellt, die die naturwissen=
schaftlichen Annalen des vergangenen Jahrhunderts enthalten,
namentlich die Ephemeriden und Miscellaneen der Kais. Leopol=
dinisch = Carolinischen Akademie, die Philosophic. transact.,
Hamburger Magazin, Französische Akademie, Nürnberger Samm=
lungen u. s. w.

Sie beziehen sich fast alle auf die Rothbuche (Fagus syl-
vatica L.), welche denn auch in der That wegen ihrer bis
zum spätern Alter gleichbleibenden glatten Rinde zum Einschneiden
vorzugsweise auffordert. Abergläubische und thörichte Meinun=
gen, zufolge deren dergleichen oft für Naturspiele gehalten wur=
den, laufen mitunter, doch ward schon früh erkannt, wie von dem
trefflichen Danziger Naturforscher Theodor Klein*), daß die
im Innern entdeckten Jahreszahlen wohl zur Bestimmung des
jährigen Zuwachses benutzt werden könnten, insofern sich nur alle
Jahre ein Holzring bilde.

---

*) Philosophical Transact. 1730.

Laurell[1]) in Lund stellte zwischen 1748—64 die ersten hierher gehörenden Versuche an, welche zu demselben Resultate führten. Aehnlich urtheilte Abami, Conrector in Landeshut in Schlesien.[2]) Fougeroux de Bondaroy[3]) führt noch mehrere Fälle an, wie viel später mit Uebergehung Anderer, C. H. Agardh[4]) und A. P. de Candolle[5]) in vortrefflichen Abhandlungen. Weniger eingehend mit Ausnahme von Agardh wurde das beim ersten Anblick höchst räthselhafte Verhältniß der Rinde zu der im Innern des Stammes erhaltenen Inschrift beurtheilt.

Nur Becks[6]) in Münster erkannte es ziemlich richtig, wiewohl erläuternde Abbildungen sehr vermißt werden. Unter diesen Umständen veranlaßte ich einen meiner früheren Schüler, Herrn Dr. Robert Jaschke[7]), die in meiner Sammlung befindlichen dießfallsigen Exemplare näher zu untersuchen und zu beschreiben, welcher Aufgabe er sich mit trefflichem Erfolge unterzog und auch noch durch gute Abbildungen erläuterte. Er zeigte an einem mit Buchstaben und Zahlen versehenen Exemplare (Mai 1798), daß durch das immer mehr zunehmende Dickenwachsthum der durch den Schnitt verursachte Substanzverlust der Rinde ausgeglichen und die Inschrift durch die in der Peripherie fort und fort sich bildenden darüber lagernden Holzschichten immer mehr in das Innere des Stammes zurückgedrängt werde. Insofern nun Neubildungen in dem einmal fertigen Stammholze nicht mehr erfolgten, erhalte sie sich auch in ihrer ursprünglichen Beschaffen-

[1]) Beschrieben von E. G. Lidbeck. Verh. der Schwedischen Akademie des Jahres 1771.

[2]) E. D. Abami über einen in Landshut 1755 gefällten Buchenstamm. Breslau 1756, 58.

[3]) Mém. de l'Academie Paris 1777 et 1778.

[4]) Om Inskrifter i lefvande träd. Lund 1829. Froriep's Notizen rc. m. 20. XXIII. S. 305—314.

[5]) Bibl. universelle Mai 1839. Froriep's Notiz Nr. 18 und 19 XXXI. September 1831.

[6]) Linnaea 1839. p. 544—548.

[7]) Dissert. de rebus in arboribus inclusis 44 pag. c. tabula. Vratisl. 1859.

heit, während sie sich auf der weiter wachsenden Rinde in die Breite ausdehne und dadurch allmälig immer undeutlicher, zuletzt nothwendiger Weise wohl ganz zum Verschwinden gebracht werde. In senkrechter Richtung verlängere sie sich jedoch nicht, denn genaue Messungen wiesen nach, daß die Länge der Buchstaben und Zahlen auf der Rinde mit denen im Holze vollkommen übereinstimmten. Es stellte sich also unter andern heraus, wie freilich nur etwa Laien noch glauben, daß der einmal fertige Stamm sich nicht mehr ausdehne oder in die Länge strecke.

Wenn eine solche Verlängerung wirklich stattfände, würde sie sich hier bei 40jährigem Wachsthum auch in den gedachten Zeichen zu erkennen gegeben haben.

Zu ganz gleichen Resultaten, wie wir, gelangte auch mein hochverehrter Freund Razeburg, ohne von vorstehender Arbeit Kenntniß zu haben, durch Untersuchung eines unter dem Namen der Kreuzbuche bekannten Exemplars, welches aus dem Kabinette König Friedrich Wilhelms III., nachdem es dort von Humboldt, Lichtenstein und Link hoch bewundert worden war, in die Sammlungen der Forstlehranstalt zu Neustadt-Eberswalde gelangte. Als der Baum im Jahre 1830 gefällt ward, so schreibt Razeburg in seinem neuesten großartigen Werke*), war er etwa 80 Jahre alt. Der Einschnitt müsse um 1800, in seinem 50jährigen Alter, als er einen Halbmesser von 4 Zoll hatte, gemacht worden sein; denn über den geschwärzten Einschnitt haben sich noch 30 Jahresringe von ungefähr 4 Zoll Dicke gelegt, der Baum hatte also nun 1½ Fuß Dicke erlangt. Während jener 30 Jahre waren die Schriftzeichen I H S (Jesus Hominum Salvator, das Jesuitenzeichen), welche beim Einschneiden etwa 2 Lin. Breite hatten, auf dem Abdrucke der äußern Rinde bis zu einer Breite von 16—18 Lin. auseinander gegangen. Die Ränder der alten Rinde seien nämlich 16—19 Lin. zurückgewichen und dazwischen war etwas vertieft neue Rinde, welche mit den

*) Die Waldverderbniß oder dauernder Schaden, welcher durch Insectenfraß, Schälen, Schlagen und Verbeißen an lebenden Waldbäumen entsteht u. s. w. I. Bd. Berlin 1866. S. 16.

30 neuen Jahresringen entstanden war, getreten — hatte also das Schlußfeld gebildet.

Viel vollständiger und in großartigerem Maßstabe als irgend jemals bis jetzt beobachtet ward, zeigt nun alle diese Verhältnisse der Ihnen, hochgeehrte Herren, hier vorliegende, mir im Jahre 1864 von einem meiner Schüler, Herrn Apotheker Kruppa, gütigst übergebene Buchenstamm. Er verdankte ihn der Aufmerksamkeit seines Bruders, des Herrn Conducteurs Kruppa, welcher ihn im Herbst 1864 in der Nähe von Mittelwalde in der Grafschaft Glatz der Vernichtung entriß. Der Stamm selbst, nur der Theil mit der Inschrift liegt vor, scheint nur von mäßigem Umfange, etwa von 4 Fuß, gewesen zu sein. Taf. I. Fig. 1. zeigt den Stamm mit der Rinde, die nur etwas über die Hälfte von a.—b. erhalten ist, der übrige Theil c. ist entrindet. Die im Ganzen 24¼ Zoll hohe Inschrift des Stammes, Fig. 2, besteht aus vier ziemlich gleich hohen Abtheilungen. Erstens oben a. ein stehendes langstieliges Kreuz, dann folgen bei b. in 1¾ Zoll Entfernung 2 große römische Buchstaben P. I.. (wohl der Name), in 4 Zoll Höhe, darunter c. die Jahreszahl 1811 von gleicher Höhe. Den Beschluß machen d. die römischen Buchstaben C. V. und darunter in der Mitte ein etwas größerer Buchstabe M., im Ganzen 8½ Zoll hoch. Bedeutet vielleicht Bezeichnung des Tages Conceptio Virginis Mariae, Mariens Empfängniß, also den 8. December.*) Alle drei 6—7 Zoll breiten Abtheilungen sind von einander durch vertieft eingeschnittene, unten zugerundeten Umfassungen c. geschieden. Buchstaben und Zahlen sind graubräunlich gefärbt, scharf begränzt, doch verläuft von denselben etwa 1—2 Zoll eine schwächere bräunliche Färbung in die benachbarten Holzlagen, so daß das Ganze wie eingebrannt erscheint, wofür es denn auch oft schon gehalten worden ist.

---

*) Sehr viele der in den obengenannten Abhandlungen erwähnten Inschriften weisen ebenfalls auf fromme Bedeutung hin. Eine hat eine weite Verbreitung, nämlich die von Adami aus der Umgegend von Landshut: J. C. H. M., welche er interpretirte: Jesus Christus hominum Mediator. Nach Agardh finden sich nämlich fast dieselben Figuren und Charaktere auf 2 im Museum in Lund aufbewahrten Exemplaren, die in der Nähe eines alten schwedischen Klosters bei Asum unfern Osoeds Kloster entdeckt wurden.

Die bräunliche Farbe rührt jedoch sicher von der Einwirkung der Atmosphäre auf das untere einst durch den Schnitt entblößte Holz, wie auch von der Oxydation des Gerbestoffes her, wie dies heut noch an entrindeten Stellen solcher Bäume häufig wahrzunehmen ist. Die grau-bräunliche Holzlage ist etwas aufgelockert, wie ausgewaschen.

Mehrere Jahre verstreichen unstreitig, ehe die durch das Ausschneiden verursachten Substanzverluste wieder ersetzt werden, wozu die benachbarte Rinde mit der Cambiumregion von allen Seiten mitwirkte, wie man bei allen solchen Naturheilungsprocessen wahrnehmen kann. Im ersten Sommer sieht man unter dem Rande der Wunde einen abgerundeten Wulst mit unebener und rissiger Oberfläche hervorkommen, der beim Durchschnitt die neuen Bast- und Splintlagen erkennen läßt, welche über den Rand der Wunde herausgetreten sind. In der nächsten Vegetationsperiode wiederholt sich dieser Vorgang, wobei die konvexen Ränder des Wulstes immer weiter übergreifen und die Lücke mehr und mehr verkleinern, bis sie endlich ganz verschlossen wird. Die Schlußlinie befindet sich gewöhnlich in der Mitte der Verletzung, woraus hervorgeht, daß die umgebende unverletzte Rinde jeder Lage und Richtung gleichförmig mitwirkten.

Ganz besonders deutlich sieht man dies auch bei Heilung von kreisrunden Verletzungen, bei denen sich dann die Schlußnarben in der Mitte befinden. Anfänglich erscheinen sie strahlenförmig, in höherem Alter gleichen sich diese strahligen Runzeln aus und sie werden flach. Indem nun die gedachten Wundränder gleich einer halbflüssigen Masse allen etwaigen Unebenheiten der Oberfläche des Stammes folgen und selbst Löcher und dergleichen ausfüllen, geschieht es denn auch, daß alle in diesem Bereiche befindlichen Körper Steine, Wurzeln, Holzsplitter überzogen, gewissermaßen hier festgehalten und eingeschlossen werden, auf welche Weise eben das Vorkommen der oben genannten fremdartigen Körper im Innern des Baumes ganz einfach zu deuten ist. Die ersten auf der Inschrift lagernden Holzschichten entsprechen noch der Form derselben, empfangen einen Abdruck davon und nehmen auch an dem oben erwähnten Oxydationsprocesse Antheil, daher sie beim

Trennen nicht nur bloß schwarz erscheinen, sondern auch ganz getreu die Formen des einstigen Einschnittes wiedergeben, wie Tab. I, Fig. 3 zeigt, deren Buchstaben mit denen von Fig. 2 von gleicher Bedeutung sind. Man kann in Wahrheit sagen, daß sich beide Seiten in die Inschrift theilen. Der innere Theil, Fig. 3, erscheint sogar oft noch schwärzer, weil oft noch einzelne Theile der Rinde als todte Masse hängen geblieben sind, wenn sie wie z. B. in dem einen Kreise bei der Zahl 8 (Fig. 3 f.) wahrscheinlich nicht sehr sorgfältig herausbefördert worden war. Die eben geschilderte Beschaffenheit dieser Schichten ermöglicht auch ihre leichte Trennbarkeit und die Gewinnung solcher umfangreichen Flächen in glatter Form. In den unmittelbar darauf folgenden bis zur Rinde lagernden Holzkreisen ist außer etwa schwachen durch ein Paar Jahresringe noch fortgesetzte Relief's keine Spur der Schrift mehr sichtbar; wie schon gesagt, nichts vorhanden, als etwa noch zurückgebliebene, dann vermorschte und überwallte Rinde.

Die entblößt gewesenen alten Holzschichten dienen den neuen nun zur Unterlage, ohne daß jemals eine Vereinigung oder innige Verwachsung des alten mit dem jungen Holze stattfände und in Folge dessen erklären sich ganz allein die Erhaltung der Figuren (Inschriften x.) im Innern des Stammes, welche einst der Rinde anvertraut wurden. Fände eine wirkliche Verwachsung statt, würden sie begreiflich spurlos verschwinden. Wenn man, wie einst Hedwig und Andere, dem Holze noch eine Reproductionskraft beilegen wollte, so zeigt dieser Vorgang die Nichtigkeit dieser Annahme, wie auch schon L. C. Treviranus nachwies. Hartig (über die Entwickelung des Jahresringes der Holzpflanzen, Botan. Zeit. 31. Nr. den 25. Aug. 1853) fand ebenfalls, daß niemals selbst unter den günstigsten Verhältnissen das Fasergewebe eines entblößten Holzkörpers irgend einen Antheil an der Reproduction habe. Die Zahl der über unserer Inschrift liegenden Jahresringe beträgt hier genau 53, welche also dem Alter der Inschrift entspricht und somit zeigt, daß während der Lebenszeit dieses Baumes alle Jahre ein Holzring angelegt ward. Auf der Rinde des Stammes Fig. I., welche wie schon erwähnt, leider nur zur

Hälfte von a. — b. noch vorhanden ist, läßt sich die Inschrift nur schwierig noch erkennen, so nur bruchstückweise bei d. das Kreuz, dann die quadratischen Einschnitte oder Einrahmung e, und der Rund= bogen f, am untern Ende, die sämmtlich ganz genau der Höhe genannter einzelnen Abtheilungen der Inschrift entsprechen, aber alle ebenfalls sehr in die Breite gezogen sind. Die Rinde in dem von Herrn Dr. Jaschke beschriebenen Exemplar war also besser erhalten. Schon hatte ich es aufgegeben, ein Exemplar zu er= langen, in welchem alle hier in Rede stehenden Verhältnisse sich vereint darböten, als mir die längst erwünschte Gelegenheit zu Theil ward, eigene Forschungen dieser Art anstellen zu können. Der Präses unseres Vereins, der Königl. Forstmeister.Herr Tramnitz hatte am 20. December 1868 die Güte, einen im November d. J. gefällten 130jährigen Buchenstamm von 4 Fuß Höhe und 2 Fuß Dicke aus Krummendorf bei Strehlen zur Disposition zu stellen, an welchem sich in verschiedenen Höhen außer vielen ein= zelnen Buchstaben Inschriften mit 3 Jahreszahlen befanden. Drei Querschnitte mit den Jahreszahlen 1835, 1840 und 1839 wurden gemacht, darauf an den beiden ersten die Jahresringe von außen nach innen gezählt und nun vorsichtig eingeschlagen.

Mit größter Deutlichkeit stellte sich nun das Gehoffte dar, die wohlerhaltenen Zahlen der Rinde im Innern des Stammes und die entsprechende Zahl von Ringen dar= über in dem erstern von 1835 drei und dreißig, in dem andern von 1840 acht und zwanzig. Man sah wie auch schon Ratze= burg (a, a. O. S. 42) sehr richtig bemerkt, daß auch selbst einen nur geringen Theil der Stammoberfläche einnehmende Einschnitte den Zusammenhang der späteren Holzlagen ganz erheblich stören, denn sonst würden sich letztere nicht so leicht unter der rechtwinklig gegen sie einschneidenden Art trennen und nach vielen Jahren noch große Flächen einnehmende Inschriften nur wenig splittrig ja fast glatt entblößen. Beide Exemplare wurden photographirt und darnach die Abbildungen, sämmtlich im vierten Theil der natürlichen Größe, angefertigt Taf. II, Fig. 1. Das Exemplar mit der Jahreszahl 1835, Jahreszahl wie sie sich auf der Rinde darstellt 1835, überdies noch in der Hälfte der natürlichen Größe Taf. III., Fig. 1a, um die Ueberwallun=

gen noch mehr zu verdeutlichen. Buchstaben in beiden Figuren
dieselbe Bedeutung. Ganz besonders schön sind die Zahlen
Eins und Acht erhalten. Zahl Drei durch einen anderen seitlichen
flachen auch überwallten Schnitt b, und Fünf durch einen
tieferen oberen nicht dazu gehörigen Schnitt, c, etwas gestört.
Die Ränder der alten Rinde sind überall noch sichtbar wie auch
die durch Verletzung bloßgelegten bei der Buche so häufigen
Steinzellen. Bei Zahl Eins sieht man noch unterhalb bei
d, ganz besonders bei Taf. III, Fig. 1, die strahlige Ver=
einigungsstelle der von allen Seiten dahin gleich strebenden
neuen Rindenlagen. Auf der breiten Fläche der Acht e. ist dies
bereits ausgeglichen und hier jedenfalls durch Zurückdrängung der
Wundränder die Verbreiterung oder richtiger Verzerrung der Buch=
staben bewirkt worden. Die Vereinigungsstellen liegen auch hier
wie oben fast überall in der Mitte, wie man bei einer Narbe f.
neben Zahl Eins noch ganz besonders deutlich zu erkennen vermag
In dem untern Theil der Zahl Acht erheben sich die Neubildun=
gen d schon so beträchtlich, daß sie den Wundrändern fast gleich=
kommen, der Zeitpunkt bis zum völligen Verschwinden der In=
schrift also als nicht mehr allzu fern anzunehmen ist. Dann mußte
unstreitig einst das Auffinden einer Inschrift, Zahl oder eines
Zeichens (eine ältere Abhandlung erwähnt das Bild eines Galgens
mit einem daran hängenden Dieb) mitten im Stamme noch
auffallender und, an und für sich betrachtet, ohne Kenntniß
des oben geschilderten Vorganges noch wunderbarer erschei=
nen, wie ich denn auch selbst gern gestehe, daß ich bei
dem oben beschriebenen Versuche, obschon ich den Erfolg
mit Sicherheit erwartete, mich eines Gefühles ange=
nehmer Ueberraschung nicht zu entschlagen vermochte.

Taf. II., Fig. 2. Die Jahreszahl in ihrer ursprünglichen
Lage auf dem Stamme, die Eins 4 Zoll hoch, die Acht 3½ Zoll,
die Drei von 4½ Zoll und die Fünf von gleicher Höhe wie die
vorige, aber etwas breiter, also alle etwas ungleich und mit
einer weißlichen, etwas verwitterten, dem Zustande der Weißsäule
nicht unähnlichen, kaum ¼ Linie dicken Holzschicht überzogen;
darunter bräunlich), welche Farbe sich auch schwach verlaufend,

doch kaum weiter als einen Zoll in die umgebenden Holzschichten erstreckte.

Fig. 3, die unmittelbar auf dem vorigen aufliegenden Abdruck so zu sagen der Inschrift, ebenso aber etwas dunkler gefärbt, mit dem vorigen zusammen aus der ersten, unmittelbar über der entblößten Stelle entstandenen Splintschicht gebildet. Daß er aber ganz flach ist und sich nicht weiter in die Tiefe erstreckt, wie bei dem vorigen auch schon behauptet wurde, möge man bei Zahl Fünf a ersehen, an welcher Stelle ich die zarten gebräunten Schichten entfernte, worauf die nächstfolgende Holzlage mit der dem Buchenholz eigenthümlichen graunweißen Farbe zum Vorschein kam. Auch an dem oberen Ende dieser Zahl bei b, läßt sich dasselbe wahrnehmen. In der unteren Schlinge der Zahl Acht ist bei c wahrscheinlich ein Stück Rinde wie beim vorigen beim Einschneiden sitzen geblieben, welches denn auch noch mit überwallt ward. Daß übrigens die Form, Größe der Zahlen in beiden Abbildungen mit einander völlig übereinstimmen, ergiebt sich bei der Betrachtung von selbst. Anders stellte sich aber dies Verhältniß auf der Rinde Tab. II, Fig. 1. Die Höhe ist exact dieselbe, nicht aber die Breite, welche immer von dem einen zu dem andern Rande der Wunde gemessen ward. Die eigenthümlich kegelförmig geschnittene Zahl Eins, ursprünglich an der Basis von 13½ Linien Breite auf der Rinde, 26 Linien breit, also um 12½ Linien auseinander gegangen. Der obere Theil hat sich ebenfalls gleichmäßig erweitert, so daß also die Form der Eins noch der ursprünglichen lang gezogenen Kegelgestalt entspricht. Die Zahl Acht auf der Inschrift der oberen Schlinge in der Mitte 14 Linien, der unteren 16, auf der Rinde 20 Linien, die untere 34 Linien also um 14 und 18 Linien, die drei oberhalb in der Mitte der oberen Concavität 5 Linien, in der unteren 6, auf der Rinde die obere 1 Zoll, die untere läßt sich wegen einer daselbst ursprünglich stattgefundenen Verletzung, wahrscheinlich Ausbruch der Schnittstelle, nicht genau bestimmen, die Fünf an der dicksten Stelle im unteren Theil 9 Linien, auf der Rinde 18—20 Linien, also ebenfalls noch einmal so viel.

Durchschnittlich ergiebt sich also hier das nicht uninteressante Resultat, daß die Zunahme überall gleichförmig erfolgte und überall das Doppelte betrug. Jedoch, was höchst merkwürdig und zur Zeit mir eigentlich noch so gut wie unerklärlich ist: in diesem wie in allen andern hier näher beschriebenen und noch zu beschreibenden Fällen waren die Räume zwischen den einzelnen Buchstaben und Zahlen auf der Rinde ganz unverändert geblieben, noch ebenso breit, als einst beim Einschnitt, und haben also an der Verbreiterung der Zahlen keinen Antheil genommen.

Wie sehr aber unter Umständen das Bild auf der Rinde durch später hinzugetretene Verletzungen und dadurch veranlaßte Wucherungen verunstaltet und unkenntlich gemacht werden kann, ersieht man aus dem zweiten der aus dem oben erwähnten Buchenkloß gewonnenen Exemplare. Tab. II, Fig 4, Rinden-ansicht, Inschrift Weis, Zahl 184♦. Der Name mit Ausnahme des W ziemlich gut und gleichmäßig erhalten, dagegen die Zahlen, insbesondere die Eins und die Neun, durch partielle Rindenwuche-rungen (a. und b.) ganz besonders unkenntlich. Daß der Anhang bei der Null nicht gleichzeitig eingeschnitten ward, zeigt auf inter-essante Weise die ursprüngliche Zahl, bei der er sich nicht befindet. Die Breitenzunahme der Zahlen auf der Rinde, die sich nur bei der Vier und Null aus der oben angegebenen Ursache bestimmen läßt, beträgt nicht ganz das Doppelte, wie bei der vorigen Zahl, Folge des etwas jüngern Alters. Größere Differenzen ließen sich, da die von einem und demselben Baume entnommenen nur durch 1 Fuß Höhe von einander getrennt waren, nicht erwarten. Fig. 5, Inschrift auf dem Stamm, die in Folge etwas unglück-lich gerathener Trennung weniger vollständig erhalten ward, aber durch Fig. 6 den Gegendruck ziemlich gut ergänzt wird Daß übrigens die auf der Rinde bei den Buchstaben W. der Inschrift und die Zahlen Eins, Acht und Null vorhandene Wucherung erst später entstanden, zeigt die Beschaffenheit auf dieser und der vorigen Figur auf interessante Weise.

Auch hier entspricht die Zahl 28 der Holzringe, dem Alter des Einschnittes, sind also als Jahresringe zu betrachten.

Nun blieb noch die dritte Inschrift 1839, Taf. III. Fig. 2, übrig, die, wie auch die in natürlicher Größe gegebene Abbil-

bung zeigt, sich noch durch ungewöhnlich gute Erhaltung aus=
zeichnet. Inzwischen lehrt die nähere Untersuchung, daß der ur=
sprüngliche Einschnitt nicht über das Periderma hinausgegangen war
und also die eigentlich reproductiven Schichten der Rinde die parenchy=
matösen und Bastschichten, sowie die Cambiumregion nicht erreicht
hatte. Er war daher auch fast unverändert geblieben, nur erfüllt
mit kleinen rundlichen durch Korkzellen ziemlich isolirten Borken=
schuppen, bei a. ohne Verbreiterung, ohne Vereinigungsnarbe, die, wie
wir gesehen haben, nur durch die erhöhte Thätigkeit der Parenchym=
und Bastschichten gebildet wird. Selbstverständlich hatte
der Schnitt auch die Holzlagen noch nicht erreicht,
daher auch im Stamme selbst keine Spur der In=
schrift anzutreffen war. Als wir nun auch noch die
anderen zahlreichen, auf dem genannten Buchenkloß vor=
handenen, zum Theil nur aus einzelnen Buchstaben bestehen=
den Inschriften und Zeichen verfolgten, ließen sie sich stets im
Innern wiederfinden, wenn sie auf die oben angegebene Weise
mit strahligen Runzeln auf der Rinde bereits ausgefüllt waren.
Ein schmaler bräunlicher mit der Convexität nach
außen gerichteter Strich in peripherischer Richtung
diente als Leiter. Wenn man aber eine auch nicht in genügen=
der Tiefe der Rinde anvertraute Inschrift von einem bis auf das
Holz gemachten sehr breiten Rundschnitt umgiebt, so wird sie
überwallt und dann im Innern des Stammes wiedergefunden,
wie folgende interessante Beobachtung zeigt, die ich meinem
hochverehrten Freunde Nolte verdanke.

Nolte legte der Versammlung der Naturforscher in Kiel
1846 das Stück eines etwa 200 Jahr alten Buchenstammes aus
Düsterbrook bei Kiel vor,[*) an dessen Innerem ein 6 Zoll breites,
5 Zoll hohes und ¼ Zoll dickes Schild der früheren Borke des

Baumes, worin die Buchstaben und Jahreszahl HAL 1726 mit dem

Meißel eingegraben waren. Umher war dieses Schild durch
einen zollbreiten Meißelschnitt, der bis auf den Splint gedrungen

---

*) Amtlicher Bericht über die 24. Versammlung deutscher Naturforscher
und Aerzte in Kiel im September 1846. Kiel 1847, pag. 202—203.

war, von der übrigen Rinde des Baumes isolirt worden, wodurch
die Wundränder der Borke allmählich von 1726 bis zum Jahre
1837 das Schild dergestalt überwachsen hatten, daß dieses nicht nur
durch eine Holzlage von 5—6 Zoll Dicke überdeckt war, sondern daß
auch in diesem neugebildeten Holze sich der Abdruck der Buch=
staben en relief gegen die eingeschnittenen Buchstaben in der
Rinde in entgegengesetzter Stellung erhoben hatte. Ueber diese
neuen Holzschichten hatte sich neue Borke, die sich strahlenförmig
vernarbt hatte, gebildet. Der Durchschnitt der neu gebildeten
Holzlagen, vom alten Einschnitte in der Borke an gerechnet,
zeigte deutlich 110 Holzringe von verschiedener Stärke, und so=
mit einen neuen Beweis für die Identität der Holz= und Jahres=
ringe. Abgesehen von der unzweifelhaften Richtigkeit dieser Schluß=
folge scheint mir dieser Fall in so fern noch besonders wichtig,
als er beweist, daß man nur bis in die Rinde, nicht bis in's
Holz gedrungene Inschriften dennoch im Innern des Stammes
zu bewahren, also wiederzufinden vermag, wenn man sie, wie hier
geschehen, durch einen in der nächsten Umgebung in's Holz geführten
Schnitt isolirt, worauf dann die benachbarten inneren Rinden=
schichten die Function übernehmen, die Rindeninschrift mit Holz=
lagen zu überziehen, wie hier geschehen ist.

Verwandt mit diesem Fall ist ein mir vorliegender, den ich
nicht umhin kann hier noch zu beschreiben und auch abzubilden,
den ich Herrn Oberförster Kirchner in Scheidelwitz bei Brieg
verdanke, nämlich ein Knochen, der rechte Mittelfußknochen
eines Pferdes (nach dankenswerther Bestimmung meines Herrn
Collegen Professor Dr. Grosser), eingeschlossen in einem Eichen=
stamm, ruhend auf einem noch mit Rinde versehenen Aste derselben
Art. Taf. I., Fig. 4. a. der Stamm, ¼ in natürlicher Größe.
b. der berindete eingewachsene Ast. c. der besagte Knochen,
6½ Zoll lang, 2 Zoll breit. d. die Stelle des Stammes,
aus welchem das untere Ende desselben noch hervorragt. e. die
Rinde des Stammes, die das Ganze umgiebt und nach vorn
nur aufgebrochen ward, worauf der Knochen zum Vorschein kam.
Wahrscheinlich gelangte der Knochen auf irgend eine Weise zwischen

zwei unter sehr spitzen Winkeln abgehende Aeste, die in Folge von Verletzungen des Hauptstammes von seinen neugebildeten Holz= und Splintlagen überwallt wurden. Die eingeschlossene Rinde ist vortrefflich erhalten.

Folgerungen.

Wenn wir nun vorliegende Untersuchungen noch einmal zu=sammenfassen, so führten sie vorläufig zu folgenden Ergebnissen.

1) Einschnitte, wie Inschriften, Zahlen und andere Zeichen, welche durch alle Schichten der Rinde (die Epidermis, Korkschicht, zellige Hülle und Bastschicht nach Mohl), insbesondere durch die beiden letzteren bis in die Cambiumregion oder auch in das Holz gemacht werden, veranlassen in den verletzten Stellen eine Steigerung der Lebensthätigkeit, worauf die aus der Cambialregion sich bildenden Bast= und Splintlagen von allen Seiten der Wunde auf die oben angegebene Weise hervorbringen und die Lücke allmälig schließen, nachdem die bloßgelegten Stellen aus der angegebenen Ursache vorher stark gebräunt worden waren.

Altes und neues Holz verwachsen nicht, daher die leichte Spaltbarkeit an dieser Stelle und die Erhaltung der Formen der Einschnitte überhaupt, die bei zunehmendem Wachsthum immer mehr in das Innere zurücktreten.

Jahreszahlen weisen auf die Stelle hin, wo sie zu finden sind. Zahlen, Buchstaben oder andere Zeichen oder überhaupt Verletzungen lassen sich, wenn man unmittelbar über dieselben einen Querschnitt durch den Stamm macht, durch einen braunen in der Peripherie desselben liegenden Streifen oder Flecken erkennen. Der Werth schöner Stämme wird durch solche gebräunte Stellen um so mehr beeinträchtigt, wenn sie vor ihrer oft, erst spät erfolgenden Ueberwallung faulig geworden waren. Nicht selten findet man dann dergleichen auf über=raschende Weise mitten in scheinbar kerngesunden Stämmen, welche meistens nur dieser Ursache zuzuschreiben sind.

Also jede Rindenverletzung durch Einschnitte bis in die Cambialregion und bis in den Splint oder durch Abhauen der Aeste bis an ihre Basis schädiget auf die an=gegebene Weise das Innere der Stämme aller Art und zwar nicht bloß der Buchen, von denen bisher allein nur die Rede war

2

sondern selbstverständlich auch aller anderen Wald= und Obstbäume, sowie der Holzpflanzen unserer Gewächshäuser. Je größer die Narbe ist, welche man der Natur zur Ueberwallung übergiebt, je größer der Nachtheil und die Gefahr, sie noch durch Fäulniß und nie ausbleibende Pilzwucherung vermehrt zu sehen. Wenn man nun ohnedies erwägt, daß der ganze Ueberwallungsproceß sich eigentlich nur auf eine Einhüllung des geschädigten Theiles, nicht auf eine wirkliche Heilung zurückführen läßt, wird man vielleicht mehr, als dies bisher zu geschehen pflegt, auf Schonung der Rinde bedacht sein, die nicht genug empfohlen werden kann.

2) Obschon wir durch vorstehende Untersuchungen die einst und auch gegenwärtig noch so oft bewunderten Inschriften auf ganz gewöhnliche Vorgänge zurückführen und somit des mystischen Gewandes, mit dem man sie oft umgab, entkleiden, verdienen sie doch immerhin noch große Beachtung wegen der vielen Forschungen, die sich daran knüpfen lassen.

Wenn man unsere hier gegebenen Winke beachtet, wird man sie auch häufiger auffinden und sie werden aufhören, ferner noch bewunderte Seltenheiten in unseren Museen zu sein. Gewiß gingen bisher tausende unbeachtet verloren. Auf ähnliche Weise, wie die Inschriften, Zahlen u. dergl., werden auch alle anderweitigen, S. 252 dieser Abhandlung, erwähnten fremden Gegenstände bewahrt und allmälig von Holzlagen überdeckt, in denen man sie früher oder später darin entdeckte.

Das Zuwachsen hohler Bäume, wie dies insbesondere bei Linden, Pappeln, zuweilen unter sehr merkwürdigen kaum er= örterten Umständen, wie durch Vermittelung im Innern sich bildender Luftwurzeln von 8—10 Fuß Länge vorkommt, beruht auf gleichem Grunde.

3) Buchstaben, Zahlen und Zeichen auf der Rinde ver= breiten sich bei Zunahme der Dicke des Baumes nur in peripherischer Richtung, nicht in verticaler, woraus sich eben ergiebt, daß der völlig ausgewachsene Stamm eines Baumes sich in verticaler Richtung nicht mehr verlängert oder streckt, wie man zuweilen wohl aus dem eigenthümlichen, so zu sagen aus der Erde gehobenen Aussehen alter Bäume zu schließen sich bewogen fühlte. Warum jedoch bei Inschriften und Zahlen

die zwischen ihnen befindlichen Theile der Rinde selbst in Zeit=
räumen von 20—40 Jahren sich nicht auch verbreiterten, vermag
ich zur Zeit noch nicht genügend zu erklären. Man könnte zwar
wohl meinen, daß die Verletzung der benachbarten Stellen
hemmend auf sie eingewirkt und nun die verletzten lebhaft vege=
tirenden Stellen eine gewissermaßen vikariirende Thätigkeit ausge=
übt hätten, wodurch das unstreitig vorhandene Dickenwachsthum
veranlaßt worden wäre. Doch fühle ich mich durch diese Ansicht
selbst wenig befriedigt. Versuche, wie ringförmige peripherische
Zeichen mit und ohne Unterbrechungen durch Einschnitte, können
allein nur Entscheidung herbeiführen, die freilich wohl nicht ge=
ringe Zeit zur Erlangung sicherer Resultate in Anspruch nehmen
werden, doch aber bereits unter mannigfachen Modificationen ein=
geleitet worden sind.

Ueberhaupt erscheint es wünschenswerth, auch andere
Bäume und zwar nicht bloß die glattrindigen, von denen bis
jetzt auch nur allein die Rothbuche untersucht worden ist, sondern
auch die mit Schuppen und Ringelborke (Hanstein) ver=
sehenen in Betracht zu ziehen. Inschriften u. s. w. würden freilich
bei der Borkenbildung der Rinde sehr bald unkenntlich werden, sich
aber ebenfalls im Innern der Holzlagen erhalten haben.

4) Inschriften und Zahlen, welche sich über das Periderm
nicht erstrecken, also die Schichten der zelligen Hülle und des
Bastes nicht in Mitleidenschaft ziehen, werden in den Holzschichten
des Stammes nicht gefunden, wie insbesondere aus meinen oben
angeführten Beobachtungen, sowie auch aus dem von Nolte be=
schriebenen Fall hervorgeht.

Man erkennt sie, Taf. III. Fig. 2 (nat. Gr.), an ihrer geringen Aus=
dehnung in die Breite und daher guten Erhaltung trotz höheren
Alters, sowie an der Beschaffenheit des Schlußfeldes oder der
ausgefüllten Lücken. Die Ausfüllung zeigt nicht eine strahlig
runzliche Mittelnarbe, sondern einzelne durch Korkzellen isolirte,
mitunter wohl auch schon quer und längsrissige Rinden=
partikel, die sich auch noch durch den Mangel der weißlichen Farbe
von der der anderweitigen Oberfläche des Stammes unterscheiden.
Die weißliche Farbe wird bekanntlich durch den Kieselpanzer ver=
ursacht, der den Stamm der Rothbuche umhüllt.

2*

5) Aus den oben S. 259 u. 263 angeführten Fällen ergiebt sich, daß sich alljährlich nur eine concentrische Holzzone ge= bildet hatte, die also mit Recht als Jahresring bezeichnet wer= den konnte, wie man denn bis jetzt fast als allgemein ähnliches Verhalten wenigstens bei allen bei uns einheimischen Bäumen annimmt und es auch selbst auf diejenigen wärmeren Klimate ausdehnt, welche periodisch ihre Blätter abwerfen und geschlossene Knospen tragen. Man schließt also aus der Zahl der Holzzonen, wie sie sich im Stamme noch vor der Astbildung erkennen lassen, auf das Alter desselben. Inzwischen fehlt es auch nicht an Aus= nahmen, die durch ungünstige Vegetationsverhältnisse, wie durch unzeitige Fröste, schlechten Boden und Stand, Störungen der Blattvegetation, Entlaubung durch Insectenfraß ganz unleugbar veranlaßt werden.

Schon H. Cotta deutet die Existenz von Doppelringen an, Hartig (Verhandlungen des schlesischen Forstvereins im Jahre 1866, p. 191) bezweifelt sie, nimmt vielmehr ein Aussetzen von Jahresringen an bei Bäumen, welche in sehr unter= drücktem Stande sich befinden. Auf ganz entschiedene und gründliche Weise erläutert Ratzeburg in seinem bereits oben citirten ausgezeichneten Werke diese bisher von den Pflanzenana= tomen ganz übergangenen Anomalien, welche bei unseren Wald= bäumen durch in verschiedenen Zeiten stattfindenden Raupenfraß und Fröste vorkommen. So beobachtete er Verdoppelung des Jahresringes (unter Anderem bei der Kiefer a. a. O. I. Band p. 277, sogar einen fünffachen I. Taf. 13, Fig. 7, noch Fraß von Geometra piniaria; bei der Birke p. 453, Taf. 50, Fig. 4a.; bei der Lärche p. 67, II. p. 58 (hier auch nach Frost. Nördlinger Kritische Blätter 46. 1. p. 254); bei der Fichte I. p. 237; bei der Buche II. Bd. p. 109, Taf. 43a, Fig. 5A. C.; ferner sehr eigenthümlich bei der Weide durch den Fraß von Tipula saliciperda II. Bd. p. 326 und 452, Taf. 48, Fig. 9, wo ein eigenthümlicher Stillstand des Zuwachses durch den Reiz der saugenden Mückenlarven erzeugt und dann eine zweite Hälfte des Jahrringes von ganz abweichendem Bau der Holzzellen u. s. w. hergestellt wird.

Eine andere Anomalie des Wachsthums besteht nach Ratze=

burg's Entdeckung in dem Zusammenfließen von Jahres=
ringen in Folge von Ringelungsversuchen bei der Buche II. Bd.
p. 248, Taf. 45, Fig. 1a; dann bei der Eiche II. Bd. S. 107
und 450, Taf. 45a, Fig. 12; bei der Esche p. 280. Seltener
kommt wohl das Ausbleiben ganzer Ringe, und wohl
nur an Zweigen, nicht am Stamme, denn ein Confluiren ist
noch nicht Ausbleiben, vor, wohl aber habe er halbe Ringe
beobachtet, die im Zusammenhange mit Schwäche der Triebe
stehen, bei der Kiefer I. Taf. 13, Fig. 8, in Folge von Fraß von
Geometra piniaria; bei der Fichte von Tortrix dorsana I. Bd.
Taf. 30, Fig. 6; bei der Weißtanne von Sesia cephiformis
II. Bd. Taf. 38, Fig. 1; bei der Lärche nach der Lärchenmotte
II. Bd. S. 445, Taf. 41, Fig. 4; auch häufig durch Wildschaden
bei der Kiefer I. Bd. p. 283, Taf. 17, Fig. 6; bei der Fichte
I. Bd. Taf. 31, p. 288 u. m. a.

————

Daß auch unter ungünstigen Culturverhältnissen Anomalien
in der Bildung von Jahresringen stattfinden können, lehrt folgen=
der merkwürdiger Fall, auf den ich durch meines geehrten Freun=
des Erfahrungen hingeleitet wurde, an welche sich meine Beob=
achtung und zwar an die Bildung von Ringen anschließt.

Schon seit vielen Jahren ward in unserem botanischen Garten
im Topfe eine Ceder Cedrus Libani Barrel. cultivirt, deren 3 Zoll
dicker Stamm eine sehr gedrängte, ziemlich schirmförmige Blätter=
krone von 4 Fuß Höhe trug. Vor 7—8 Jahren fing sie an zu
kränkeln, was sich durch Vertrocknen des einen oder des andern
untern Zweiges zu erkennen gab. Beim Versetzen zeigten die
vielfach gekrümmten und gewundenen Wurzeln den Einfluß der
Topfcultur, die sich aber bei uns nicht umgehen läßt, weil die
Pflanze unser Klima nicht verträgt. Endlich ging sie unter
völliger Vertrocknung ein. Der unmittelbar über der Wurzel
entnommene Querschnitt des Stammes enthüllte die Ursachen
ihres Todes. Taf. IV., Fig. 1. Abbildung in doppelter natür=
licher Größe a. Rinde, b. Holzcylinder, c. Mark.

In der Richtung von Mark c. nach d. befindet sich in 2 Zoll
8 L. Durchmesser die größte Zahl von Jahresringen und bei

ihrem excentrischen Verlauf auch die breitesten. Von c. nach e.
ist der Stamm am schmalsten, nur etwa 10 L. breit. Bis zum
34—35. Jahre verlaufen die Holzzonen ziemlich ungestört im ganzen
Umfange des Stammes; von da ab werden sie fast überall
wellenförmig und durch Harzbehälter oft nicht nur unter-
brochen, wie bei f. und wie bei g. in verschiedenen
Winkeln durchschnitten, sondern auch sogar isolirt bei h,
wie ich auch wohl früher schon bei anderen Coniferen beob
achtet habe. Endlich wie bei i. in 4—6 L. peripherischer
Breite treten sie offenbar an die Stelle der Holzbildung*), ja
schließen sie gewissermaßen ab. Denn zwischen beiden haben sich
nun in 10 L. Breite und 6 L. Länge die Holzzonen k. abge-
lagert, welche mit den übrigen in keiner Verbindung stehen und
offenbar meist eben erst gebildet wurden, als das Bäumchen an-
fing zu vertrocknen. Sie enthalten an 10 Jahresringe, die nur
durch zwei bis drei Längsreihen von sogenannten Breitfasern bezeichnet werden, so daß sie kaum bemerkt werden würden, wenn
nicht mindestens zwei- bis dreimal stärkere Harzbehälter mit ihnen
gleichzeitig verliefen. Offenbar geschah die Bildung dieser unvoll-
ständigen Holzzonen mit der beginnenden oben erwähnten Vertrocknung des Stammes. Doch zeigte unser Stämmchen schon
früher Neigung zu Anomalien, so bei l. zwischen dem 28. und
29. Jahresringe zwei unter spitzem Winkel bei m. entspringende
Holzzonen, die nur etwa in 2 Zoll Länge verlaufen und dann sich
bei m. wieder mit der Holzzone vereinigen, zu der sie wohl gehören. Sie stimmen ganz und gar mit den von Ratzeburg
a. a. O. abgebildeten halben Ringen überein, welche er bei Kiefern
nach Fraß von Geometra piniaria, Band I. Taf. 30, Fig. 6,
und durch Wildschaden ebenfalls bei Kiefern, Bd. I. p. 283,
Taf. 17, Fig. 6, beobachtete, und sind vielleicht als ein Theil des
28. Jahresringes zu betrachten.

Wenn bei jenen von Ratzeburg beschriebenen Fällen der
Verlust der Blätter nur durch Insectenfraß oder Frost in Folge

---

*) Umwandlung der Holzzellen im Harz nach Karsten's und Wie-
gand's Beobachtungen meine ich hier auch gesehen zu haben. Die zur Er-
läuterung nöthigen Abbildungen ließen sich hier zunächst nicht beibringen.

der Erschütterung der ganzen Organisation Abweichungen in der Bildung der Holzzonen eintreten, so veranlaßt sie hier die Begünstigung zur Ausbreitung der Wurzeln hemmenden Bodenverhältnisse, wie nicht nur bei anderen Topfgewächsen, sondern auch im Freien nicht selten vorkommen mögen.

Somit sehen wir, daß sich auch hier der Forschung ein weites Feld eröffnet. Neue Beobachtungen erscheinen erforderlich, um die, wie man meinte, bis jetzt so sehr bewährte Lehre von den Jahringen zu sichern und sie nicht von den Ausnahmsfällen überfluthen zu lassen. Oeftere Wiederholung des bekannten Du Hamel'schen Versuches durch Einschieben von Stanniolblättchen zwischen Bast und Holz empfiehlt sich hier, wozu ich gedenke, künftig zarte Glimmertäfelchen zu gebrauchen, weil diese sich leichter und mit möglichst geringer Verletzung der Stammoberfläche verwenden lassen.

Breslau, den 11. Januar 1869.

––––––

Erklärung der Abbildungen.

Taf. I., Fig. 1. Buchenstamm den 6. Theil der natürlichen Größe mit nur zur Hälfte erhaltener Rinde von a.—b.; bei c. entrindet. Auf der vorhandenen Rinde, auf der die Einschnitte geschahen, viele Flechten, die mit dazu beitragen, sie nur schwer noch zu erkennen. Man sieht nur noch einen Theil des Kreuzes bei d., bei e. die Umrahmungen der einzelnen Abtheilungen der Inschriften bei f. den Rundbogen der untersten, undeutlich die in diesem Rahmen befindlichen Buchstaben. Auf dem entrindeten Stamme ist keine Spur der Inschrift vorhanden.

Fig. 2. Ansicht des Stammes, auf den durch die Rinde eingeschnitten ward, a. das Kreuz, b. die erste eingerahmte Abtheilung der Inschrift L. P., c. die Jahreszahl 1811, d. der Schluß der Inschrift C. V. M. (Conceptio Virginis Mariae), e. die unteren Umfassungen.

Fig. 3. Die innere Seite von Fig. 1. Buchstaben a.—e. dieselbe Bedeutung wie in Fig. 2. Bei f. zurückgebliebene und nun nun mortificirte, von den Holzlagen mit überwallte geschwärzte Rindenrest.

Fig. 4. a. Eichenstamm bei b. mit eingeschlossenem, noch
berindetem Aste derselben Art, auf welchem c. ein Knochen liegt,
der bei d. aus dem Holze noch hervorragt. e. die Rinde des
Stammes. Sechster Theil der natürlichen Größe.
Taf. II., Fig. 1. Buchenstamm Jahreszahl 1835, Vierter
Theil der natürlichen Größe auf der Oberfläche der Rinde.
Vom Herrn Oberförster Linz in Krummendorf. a. Jahres=
zahl 1835. Neben Zahl' Drei bei b., Fünf bei c.,
später erfolgte Einschnitte, deren Zeichen sich auch wirklich in
den Holzlagen des Stammes, aber zwischen den Obigen und
der Rinde vorfinden, also hinlänglich tief erfolgten, wie aus
der Beschaffenheit der strahlig runzlichen Rindennarbe zu ersehen
ist, welche aber noch mehr bei Taf. III. Fig. 1, welche die
Jahreszahl in halber natürlicher Größe darstellt, hervortreten.
d. Strahlige Vereinigungsstelle. e. Verflachung der Vereini=
gungsnarbe. f. Rundliche Narbe mit centraler Vereinigungsnarbe.
Fig. 2. Die Jahreszahl 1835 auf dem Stamme in ihrer
ursprünglichen Lage überall bedeckt mit den mortificirten weißlich
bräunlichen Splintlagen. Man vermißt überall die vorhin er=
wähnten, später auf der Rinde zum Theil in die Zahlen gemach=
ten Einschnitte. Sie finden sich, wie schon erwähnt, zwischen
dieser Inschrift und der Oberfläche in verschiedenen Holzlagen.
Fig. 3. Gegendruck der Inschrift auf der inneren Seite
von Fig. 1. In Zahl Fünf bei a. eine oblonge Fläche, von
welcher die bräunliche zarte Holzschicht entfernt ward, um zu
zeigen, daß sich die Inschrift nicht in die darauf folgen=
den bis zur Rinde lagernden Holzzonen fortsetzt. Nur
die ersten, aber ungebräunten Lagen lassen noch ihr Relief er=
kennen, welches sich in den folgenden verliert. Bei b. ebenfalls
Zahl Fünf läßt sich dies auch bemerken. Bei c. in der unteren
Schlinge der Zahl Acht ein Stück Rinde sitzengeblieben, welches
gänzlich mortificirt mit überwallt worden.
Fig. 4. Buchenstamm mit der Rinde, ebenfalls 4. Theil der
natürlichen Größe. Inschrift: Weis 1840, oberhalb noch
ein K., der Buchstabe W. durch spätern Schnitt bei a. mit un=
regelmäßigen Wucherungen, dergleichen bei b. die Null am unteren
Theil.

Fig. 5. Die ursprüngliche Inschrift und Zahl auf dem Stamm, die aber in Folge starker Splitterung beim Spalten nur theilweise erhalten ward, aber vollständig vorhanden war. Fig. 6. Die andere Hälfte der Inschrift gewissermaßen der Abdruck auf der der Rinde entgegengesetzten Seite. Vollständiger erhalten.

Taf. III., Fig. 1. Die Zahl 1835 von Taf. II., Fig. 1. Hälfte der natürlichen Größe, um die Beschaffenheit der Schluß= flächen noch genauer zu zeigen, als dies bei der allzu verjüngten Figur von Taf. II., Fig. 1 möglich war. Bei b. c. f. die Narben rundlicher im Holze als braune Flecken vorhandenen Ein= schnitte, a. d. e. dieselbe Bedeutung wie auf Taf. II., Fig. 1.

Fig. 2. An dem vorigen Stamm die Zahl 1849 auf der Rinde in natürlicher Größe Man erkennt schon a. die geringe Tiefe der Inschrift an ihren wenig hervorragenden Rändern. Die Ausfüllung derselben zeigt nicht die strahlig runzliche Mittelnarbe, sondern einzelne durch Korkzellen isolirte, mitunter auch schon querrissige Rindenpartikelchen b., die sich auch noch durch den Mangel der weißlichen Farbe von der anderweitigen Oberfläche des Stammes unterscheiden.

Tab. IV., Fig. 1. Unmittelbar über der Wurzel entnommener Querschnitt eines Stammes einer im Topf cultivirten etwa 48jähr. Ceder (Cedrus Libani Barrel.). Einmal vergrößert. a. Rinde, b. Holzcylinder, c. Markcylinder. c.—d. breitester Theil und c.—e. schmälster Theil des Holzcylinders. f. Harzbehälter, welche die Jahresringe unterbrechen, auch den wellenförmigen Holzringen folgen, g. die Holzringe durchschneiden, h. sie isolirende, i. größte Harzbehälter, wahre Harzlücken, k. unvollständige Holzzonen, l. anomal. und 2 Zoll lang getheilte Holzzone, die sich bei l. wie= der vereinigen.

Ein Naturspiel, das Zeichen eines Kreuzes, im Innern eines Baumes.

(Nachtrag zu der vorstehenden Abhandlung.)

Nachdem die genannte vorstehende Abhandlung bereits gedruckt war, bot sich mir die seltene Gelegenheit dar, ein nicht durch Ein= schneiden von außen, sondern im Innern gebildetes und hori= zontal gelagertes Zeichen eines Kreuzes in einem Baumaste zu untersuchen. Ein wahres Naturspiel, wie man es sobald wohl noch nicht gesehen und gewiß nur allzu= sehr geeignet, zur Verbreitung thörichten Wahn= glaubens zu dienen; daher um so nöthiger die Hand der Naturforschung, die dergleichen allein nur wirksam zu bekämpfen vermag.

Die Lehre von den sogenannten Naturspielen stand vor ein Paar Jahrhunderten in großem Ansehen. Man bezog sie damals besonders auf das Mineralreich und verstand darunter alle Fossilien, die irgend einem Thiere oder Pflanzen oder einem ihrer Theile ähnlich sahen, daher denn auch alle Versteinerungen ohne Weiteres dahin gerechnet wurden. Endlich brachen sich doch richtigere Ansichten Bahn; man überzeugte sich immer mehr von dem organischen Ursprung der Versteinerungen, worauf denn auch

der Begriff des Naturspieles auf die der organischen Welt oder Kunst=
producten ähnliche Formen beschränkt ward, ja endlich wohl ganz und
gar aus dem Bereiche der Wissenschaft verschwand. Daß es nun
aber wirklich an solchen höchst frappanten zufälligen Bildungen
oder Naturspielen zuweilen nicht fehlt, sollte ich erfahren, lehrt
die in Rede stehende Figur, die wir näher besprechen wollen.

Das Mittagblatt der Schlesischen Zeitung vom 20. Januar
1869 enthält hierüber folgende Mittheilung:

„Langenbielau, 15. Januar. [Merkwürdiger Fund.]
Wir hatten heute Gelegenheit, eine Naturseltenheit zu sehen,
die in ähnlicher Weise kaum schon vorhanden sein dürfte. Es
ist dies ein in dem Aste einer Rüster (keine Rüster sondern
Bergahorn, Acer Pseudo Plantanus L.) vollständig abgebil=
detes Landwehrkreuz. Der Gastwirth Adolf Denke in Ober=
Langenbielau bekam zu Anfang Januar einen kleinen Theil dieses
Astes, der von anderer Seite keine Beachtung gefunden hatte, zu
Gesicht und brachte, da er die gedachte Merkwürdigkeit sogleich
entdeckte, nicht allein das erwähnte Bruchstück, sondern den ganzen
Ast käuflich an sich. Da eine derartige, von der Natur selbst
vollzogene Abbildung in einem Stücke Holze etwas noch nicht
Dagewesenes ist, so beschloß D., ein Stück des Astes sofort an
Se. Majestät den König einzusenden, und brachte diesen
Entschluß am 7. d. M. zur Ausführung. Wenige Tage darauf
erhielt er von Sr. Majestät Correspondenz=Secretair Herrn Ge=
heimen Hofrath Bork, d. d. Berlin 11. Januar, ein Schreiben,
in welchem er mittheilt, daß Se. Majestät die Sendung mit
großem Interesse entgegengenommen habe und näheren Bericht
über diese merkwürdige Bildung zu erhalten wünsche, worauf dann
der Herr Denke nicht verfehlte, ungesäumt folgende Beschreibung
des Sachverhältnisses einzusenden. Der Baum ist im Lampers=
dorfer Oberforst, dem Herrn v. Thielau gehörig, am Fuße der
sogenannten Keule (Eulengebirge) gewachsen, und wurde im Laufe
der Woche vor den Weihnachtsfeiertagen von Holzarbeitern ge=
fällt. Der Stamm, welcher in seiner ganzen Länge gesund war,
maß im mittleren Durchmesser ungefähr 8 Zoll. Der Wipfel
theilte sich in zwei Aeste. Beim Zersägen des einen Astes fanden

die Holzarbeiter das Kreuz vor. Der Ast war vollständig gesund,
nur an der Spitze desselben, wo sich jedoch das Kreuz schon ver=
loren hatte, schien es, als ob er früher einmal durch einen Sturm
abgebrochen wäre. Das Kreuz erstreckte sich ungefähr 4′ lang im
Aste. Da der eine Holzarbeiter Landwehrmann ist, so fiel ihm
dies Zeichen sofort in die Augen."

Herrn Denke gebührt das Verdienst, die Bedeutung des Stückes
sofort erkannt und soviel als möglich davon noch der Vernichtung
entzogen zu haben. Durch gütige Vermittelung des Königlichen
Landraths Herrn Olearius in Reichenbach und des Herrn
Oberforstmeisters v. Ernst in Schlaweußitz gelangte ich in Besitz
ausgezeichneter Exemplare (Siehe Taf. V., Fig. 1), die meine Ver=
wunderung, aber auch, wie leicht begreiflich, den Verdacht irgend
einer Täuschung einer hierbei thätigen Einwirkung durch künst=
lerischen Hand erregten. An Imprägnation mit irgend einer
chemischen Flüssigkeit dachte ich zuerst. Doch läßt sich eine solche
niemals so genau beschränken, wie im vorliegenden Falle, denn
auf der andern Seite des fast einen Zoll dicken Querschnittes war
vollkommen treu in gleicher Größe und mit denselben scharfen Gränzen
dieselbe Figur ausgeprägt und ein Längsschnitt, wie Fig. 2, zeigte
natürlich in Folge dessen die Continuität der gefärbten Stelle.

Die auf Taf. V. Fig. 1 in natürlicher Größe abgebildete Figur
selbst besteht also aus vier einzelnen gleich langen, aber nicht
gleich breiten Kreisausschnitten, welche mit schmälerer Basis vom
Centrum vom Marktcylinder ausgeben, sich dann fächerförmig
verbreiten und dem peripherischen Verlaufe der Jahresringe sich
so genau anschließen, daß man sie alle vier von einer vollkommenen
Kreislinie einzuschließen vermag. Zwei gegenüberstehende sind
immer von fast gleicher Form und auch wohl gleicher Größe,
a. etwas breiter als b., die schmälere c. und d. weniger von
einander verschieden, alle von rauch=grauer Farbe, die sich von
der weißen Farbe des Holzes sehr gut abhebt, an den Rändern,
namentlich den peripherischen, stärker, ja fast schwärzlich gefärbt,
wie dies im Längsschnitt Fig. 2 sehr charakteristisch hervortritt:
a. der Marktcylinder, b. die peripherischen Ränder der Figur. Die
Krone des Marktcylinders c. ist ebenfalls schwärzer als das von
ihr eingeschlossene Parenchym.

Die mikroskopische Unterfuchnng zeigte überall Bräunung der Marfſtrahlenzellen wie auch der Parenchymzellen, welche hier hie und da ſowie bei einigen anderen Waldbäumen (Eichen u. ſ w.) in den Gefäßen vorkommen, die netzförmig punktirten Gefäße ſelbſt wie auch die Holzzellen erſchienen nur an den dunkelſten Stellen gegen den Rand hin bräunlich=grau. *)

Noch voll von Betrachtung dieſes von Jedermann bewunder= ten Naturſpieles erhielt ich durch abermalige gütige Berückſichtigung des Herrn Landraths Olearius den noch vorhandenen Reſt des Aſtes des ſcheinbar ſo räthſelvollen Ahorn's. Fig. 3 liefert nach photographiſcher Aufnahme ſeine Abbildung im vierten Theile der natürlichen Größe. Es glückte, in denſelben die erſten Anfänge unſerer Kreuzfigur aufzufinden und zwar bei a. unter 18 Jahresringen in Form von ſchwärzlichen Flecken, Fig. 4, von 2½ L. Länge in peripheriſcher Richtung und 1¼ L. Länge in radialer, von welchen nach dem Marke hin ſich eine verkehrt kegelförmige weißliche Stelle bemerklich macht. Fünf und ein halb Zoll höher im Stamme bei b. hat ſie ſich ſchon zu einem Kreisausſchnitte von 1 Zoll Länge entwickelt, Fig. 5, deſſen breitere mit einer kleinen Spitze verſehenen Fläche nach der Peripherie gerichtet iſt, während die ſchmälere faſt den ziemlich in der Mitte befindlichen Markcylinder erreicht. Fünf Zoll höher im Stamme bei c. erſtreckt ſich unſere Figur, Fig. 6, ſchon bis dahin. In dem gegen die Rinde gerichteten breiteren peripheriſchen Theile bei a erkennt man eine doppelte ſchwärz= lichere Begrenzung und die oben erwähnte ſpitzige Verlängernng iſt verſchwunden. In 16 Zoll Geſammthöhe des Stammes geht bei e. der Fig. 3 ein ſtärkerer hier abgehauener Aſt ab, in welchem aber keine unſerer Figur ähnliche Bildung vorhanden iſt.

---

*) Beiläufig bemerkt, erinnert dieſe pathologiſche Form natürlich nur in ihrer äußeren Geſtalt an die Querſchnitte mancher tropiſcher Bignoniaceen, bei denen durch freilich auch noch viel regelmäßigere nach dem Mark hin zwiſchen die Holzlagen eingeſchobenen Rindenparthien eine Kreuzbildung entſteht (Schleiden's Grundzüge der wiſſenſchaftl. Botanik. 3. Auflage, I. Th., p. 165 Fig. 146—148.)

Sie findet sich nur in dem weiter gehenden Aste f. und zwar unmittelbar darauf bei g. in der Form, die sie später beibehält, Fig. 7; 3 Zoll vor der Theilung bei h., Fig. 3, beginnt die Anlage zu einem zweiten Kreisausschnitte oder einem zweiten Arme unserer Kreuzfigur, Fig. 8, in Form einer ihm gegenüberstehenden schwärzlichen, etwa 2 L. breiten und 1 Zoll langen schwärzlich grauen Linie, die mit einem gestielten, an der Spitze abgerundeten Tropfen endiget. Drei Zoll höher bei i. spaltet sich die Figur 8 in zwei ungleiche, an der Spitze quer abgeschnittene Schenkel, Fig. 9, auf denen bei a. einige tropfenähnliche Flecke sichtbar werden. Weiter reicht unsere Beobachtung nicht, denn die der Angabe des Herrn Denke zufolge noch 4 F. lange und oberhalb wie abgebrochen erscheinende Fortsetzung des Astes liegt mir nicht vor und ward, da man in ihr zuerst die Kreuzfigur wahrnahm, zu zahlreichen Abschnitten verwendet, zu denen unter anderen unsere oben beschriebenen und abgebildeten Exemplare gehören. Verschiedene Längsschnitte in dem abgebildeten Stamme ließen den Zusammenhang der einzelnen durch die Gefäßbündelkreise der unteren Jahresringe formirten Figuren nicht verkennen, die sich also in der ziemlich ansehnlichen Länge von etwa 6—7 Fuß erstreckten, folglich also auch, so schließe ich wohl nicht mit Unrecht, eine gemeinschaftliche und bei der Regelmäßigkeit zugleich auch plötzlich wirkende Entstehungs-Ursache vermuthen ließen. Lange Zeit bemühte ich mich vergebens, sie zu erkennen; da erinnerte ich mich dann endlich meiner vor nun vierzig Jahren am Anfange meiner literarischen Laufbahn in dem bekannten strengen Winter 1828/29 angestellten Beobachtungen über die Einwirkung des Frostes auf die Vegetation insbesondere auf die Holzpflanzen*), und glaube hierin den Schlüssel zu der ganzen räthselhaften Erscheinung gefunden zu haben, wie ich denn auch im Stande bin, sie durch damals gesammelte und heut noch aufbewahrte Beweisstücke weiter zu be-

---

*) Ueber die Wärmentwickelung in den Pflanzen, deren Gefrieren und die Schutzmittel gegen dasselbe. Breslau 1830. 244 S. und Tabellen. p. 31 u. folg. Desgl. Isis 1830, p. 497, übersetzt Edinburgh Journ. of natural and geological sciences. New Series 1831, p. 180.

gründen. Bei jüngeren Zweigen sah ich, wie einst auch mein hochgeschätzter Lehrer L. C. Treviranus*), daß die ersten Spuren des Frostes im Innern durch Bräunung des Markes und der sich von hier strahlenförmig verbreitenden Markstrahlen auftreten, welche bei schwächeren Graden aber nicht immer den Umkreis des Stammes erreichen und dann von den später sich bildenden Holzschichten eingeschlossen werden. Daher die oft wunderlichen, oft festungslinienartigen zackigen bräunlich-schwärzlichen Zeichnungen im Innern, die man gern Kernholzbildungen zuschreibt, aber als Wirkungen der durch die Kälte bewirkten Tödtung als die Anfänge einer Art von Humification anzusehen sind.**)

Erstreckt sich bei höheren Kältegraden die Wirkung auch bis in die Rinde, deren parenchymatöse Theile besonders afficirt werden, so vertrocknen sie allmählich und der Stamm wird nur dann erhalten, wenn noch so viel Rinde gesund bleibt, um die Cambialbildung vermitteln zu können. Theilweise erfrorne Stellen zeigen dann bei dem excentrischen fächerförmigen Verlaufe der Markstrahlen auch die Formen von umgekehrten kegelförmigen Bildungen, deren schmälere Basis vom Markcylinder ausgeht. Wenig veränderte, mit organischen Stoffen erfüllte Parenchymzellen, wie die der Markstrahlen, des Holzparenchym's, werden also vorzugsweise ergriffen, die festeren aus schon veränderter Cellulose gebildeten Holzzellen und Gefäße erst später offenbar auch wegen Mangel an organischem Inhalt; Zellen und Gefäße selbst aber nicht zersprengt, wie von mir zuerst nachgewiesen worden ist. Als Belagstücke für diese Erfahrungen mögen drei 1828/29 theilweise erfrorne Hölzer dienen. Fig. 10 von dem Zürgelbaum Celtis occidentalis

---

*) L. C. Treviranus Physiologie der Gewächse. 2 Bände. 1838. p. 698 und folg.

**) Ob nicht unter Umständen oberhalb eingedrungenes Wasser, welches sich bei allmählichem Herabsenken mit färbenden extractiven Stoffen sättiget, dergleichen auch verursachen kann, mag ich nicht bezweifeln. Beide vereint Feuchtigkeit und Frost mögen hier am häufigsten wirken.

(natürl. Größe). Man sieht im Innern n. zahlreiche excentrische
bräunlich-schwarze Streifen, die um den Markcylinder sogar fast
kreuzförmig stehen; Fig. 11 ein schon viel stärker afficirtes
Stämmchen eines Bohnenbaumes (Cytisus Laburnum) mit einem
durch Frost getödteten Kreisausschnitt, dessen ganze Figur außer-
ordentlich an einen Kreisausschnitt unserer Kreuzfigur erinnert
und 3 Zoll höher in demselben Stamm Fig. 12 schon eine Anlage
eines zweiten Kreisausschnittes, ja endlich bei einem andern im
Innern hie und da auch schwarz gefärbten Stämmchen derselben
Art sogar ein vollständiges Kreuz Fig. 13, wenn auch nur wie
angehaucht, doch so markirt, daß die Photographie ein vollkommen
deutliches Bild davon zu liefern vermochte.

Die Aehnlichkeit würde sich noch entschiedener herausstellen,
wenn diese bis zur Rinde reichenden Figuren wie bei unserer Kreuzfigur noch von einer Anzahl von Jahresringen umgeben wären.

Wenn man nun mit Unbefangenheit diese durch Einwirkung
des Frostes hervorgerufenen Entfärbungen und Gestalten, die
fächerförmigen verkehrt konischen Figuren mit den scharf bezeichne-
ten dunklen Rändern, die nicht nur einzeln auftreten, sondern
sich auch sogar, wie in Fig. 13, zu einem kreuzförmigen Gesammt-
bilde vereinigen, mit denen in unserem Ahorn vergleicht, wird man
wohl mit mir meinen, daß nicht etwa allmählich erfolgende Imprägnation mit irgend einer färbenden Flüssigkeit, sondern nur
eine plötzlich eintretende tödtende Wirkung wie die des Frostes
die in so großer Längen-Ausdehnung sich verbreitende und in
allen Theilen scharf begrenzte Kreuzfigur hervorzubringen im
Stande war.

Sie begann, wie aus der oben gelieferten Beschreibung der
Einwirkung in den verschiedenen Höhen des Astes hervorgeht, in
seinem untersten dicksten Theil, und erweiterte sich bei Ver-
ringerung seines Durchmessers immer mehr, bis sie oben am
dünnsten, also dem Einfluß der Kälte zugänglichsten Theile die
größte Ausdehnung erreichte. Die fächerförmige Gestalt, welche
ihr von vornherein schon den Anschein großer Regelmäßigkeit ver-
lieh, ist eine ganz nothwendige Folge des excentrischen Verlaufes
der Markstrahlen, wie die peripherischen dem Verlaufe der Jahres-

ringe sich anschließenden beim ersten Anblick in der That in Ver-
wunderung setzenden wie mit dem Zirkel begrenzten Ränder die
ganz natürliche Folge der einstigen runden Form des Stammes,
als er vom Frost beschädigt ward, was vor 18 Jahren geschah,
wie die darüber liegenden Jahresringe besagen.

Eine größere Ansammlung von Feuchtigkeit disponirt dazu,
deren sich aber die ergriffenen Pflanzentheile nach dem Aufthauen
zufolge meiner Beobachtungen bald entledigen, wie dies auch hier
sogar mitten im Stamm geschehen ist und sich ganz deutlich durch
die rundlichen tropfenförmigen Bildungen auf den Kreisausschnitten, Fig. 8 und 9, zu erkennen giebt. Obschon nun ein un-
gewöhnlicher Wassergehalt sehr wohl in Stämmen vorkommen
kann, so wird doch das Eindringen desselben durch Verletzungen
der Rinde oder auch durch hart am Stamme abgehauene Aeste,
vor allem durch die sogenannten Frostklüfte (gelioures) erleichtert,
die bei unsern Bäumen bei sehr hohen Graden niederer Temperatur
häufig beobachtet werden. Wasserreiche, aber noch häufiger im
Innern schon angefaulte und mit Feuchtigkeit bereits überladene
Stämme bersten in der spiralen Drehungsrichtung ihrer Holzfaser
in Folge der Ausdehnung beim Gefrieren mit großem Knall, wie
ich selbst früher in unserem botanischen Garten bei Roßkastanien
mehrmals wahrgenommen habe, von welcher geborstenen Stelle
aus sich dann natürlich auch die Wirkung des Frostes um so
leichter weiter in das Innere verbreitet.*) Unser Baum soll nach
den obigen Angaben des Herrn Denke zwar äußerlich ganz ge-

---

*) Auch in diesem Jahre am 17. Januar bei 19° Morgentemperatur
sprangen mit großem Geräusch 3 Roßkastanien in der Hauptallee des botan.
Gartens auf, so daß die Wundränder etwa ⅓—½ Zoll von einander
klafften. Wenige Tage darauf bei eintretendem Thauwetter waren sie wieder
so genähert, daß man die Spuren kaum zu entdecken vermochte. Die Ueberwallung nimmt in solchen Fällen die Form einer erhabenen, der spiraligen
Drehung des Baumes folgenden Richtung an. Häufig sieht man dergleichen
auch an unsern Waldbäumen, bei denen sie oft aber fälschlich für Wirkungen
von Blitzschlägen gehalten werden. Als Ursache der Frostspalten fand
Caspary, daß das Holz in der Richtung des Umfanges sich stärker verkürzt
als in der Richtung des Radius. Botanische Zeitung 15. J., 1857, p. 371.

sund, aber oberhalb Spuren eines Bruches oder Verletzung ge=
zeigt haben, durch welche das Eindringen der Feuchtigkeit und
des Frostes vielleicht erleichtert worden ist. Jedoch auch
zur Bestätigung dieser Vermuthung vermag ich einen
augenscheinlichen Beweis zu liefern und zwar an einer Ulme
meines Privatgartens, von der ich die Abbildung eines Quer=
schnittes Fig. 14 nach photographischer Aufnahme in halber
natürlicher Größe liefere. Die Frostspalte ist äußerlich auf der
Rinde noch durch eine ½—1 Zoll breite und 2 Fuß lange rinnen=
artige Vertiefung kenntlich und entstand, wie man aus der Zahl
der darüber liegenden Jahresringe entnehmen kann, vor 7 Jahren
und zugleich mit ihr auch eine nach innen sich bis in die Um=
gegend des Markes erstreckende Affection des an dieser Stelle
weißlich=grau gefärbten Holzes, von umgekehrt kegelförmiger fächer=
förmiger Gestalt.

Taf. V. Fig. 14. a. Lage der einstigen Frostspalte; b. die
zu beiden Seiten bis an sie laufenden und endlich schließenden
bogenförmig gekrümmten Jahresringe (Seitenwallung nach Hartig,
Krummstäbe nach Ratzeburg); c. ein kleiner Theil zurückgebliebener
und mit eingeschlossener oder überwallter Rinde; d. der erfrorne
weißlich=grau gefärbte fächerförmige Theil des Stammes, dessen Arbu=
lichkeit mit einem Kreisausschnitt oder Arme unserer Kreuzfigur nicht
zu verkennen ist. Wenn sich nun auf den anderen Seiten des Stam=
mes in entgegengesetzter Richtung ähnliche Frostspalten befunden
hätten, was doch sehr leicht geschehen konnte, würden sich gleiche
Figuren gebildet haben und somit eine unserer Kreuzfigur ähnliche
Bildung zu Stande gekommen sein. Jedoch Thatsachen beweisen
mehr als Vermuthungen und es ist mir angenehm, auch dafür einen
thatsächlichen Beleg liefern zu können, wie man aus dem in natür=
licher Größe dargestellten Querschnitt eines durch Frost, Substanz=
verlust und Astnarben vielfach und von allen Seiten verletzten
Astes eines Apfelbaumes ersehen wird. Fig. 15, natürliche
Größe. a. Ein grau=schwärzlicher fächerförmiger, vom Mark aus=
gehender Kreisabschnitt unter 5 Jahresringen; b. eine rechtwinklig
abstehende, aber unregelmäßig gebildete Figur; c. der Anfang
einer 3 (dritte).

Immerhin aber vermißt man die Symmetrie, welche unsere Kreuzfigur so sehr auszeichnet. Sollte diese Regelmäßigkeit der Bildung wirklich nur einem bloßen Spiele des Zufalles ihren Ursprung verdanken? Ich glaube nicht. Sie lässet sich zurückführen auf die Kreuzstellung der Aeste, durch welche sich sämmtliche Ahornarten vor vielen anderen Waldbäumen auszeichnen. Werden diese Aeste beschädigt oder abgehauen, so entfärben sich durch Feuchtigkeit und Frost die dazu gehörenden Holzbündel und erstrecken sich von jedem einzelnen in triangulärer, mit der Spitze gegen das Mark gerichteter Form bis tief in den Stamm hinab, so daß man sie eben durch diese Entfärbung in demselben genauer als mittelst des anatomischen Messers unterscheiden kann. Wenn dies bei allen vier zur Kreuzstellung gehörenden Aesten erfolgte, so können sie dann in Querschnitten nothwendigerweise wenigstens am Anfange vor weiterem Vorschreiten der Destruction nur eine vierramige Kreuzform bilden, wie sie in der Unsrigen vorliegt. Einstweilen sah ich in einem jungen, auf obige Weise beschädigten Ahornstämmchen nur zwei Kreisausschnitte. von welcher ich Fig. 16 noch eine Abbildung liefere, zweifle aber nicht, gelegentlich eine vollständige Bildung dieser Art auffinden zu können.

Schließlich sei es erlaubt, nochmals mit Beziehung auf S. 267 und 268 der vorigen Abhandlung auf das praktische Resultat aller dieser Untersuchungen, Empfehlung der Schonung der Rinde unserer Bäume, hinzuweisen. Denn wie oben schon erwähnt, sind bis auf das Holz bringende Verletzungen derselben durch Einschnitte, Abhauen der Aeste als wahre Pforten für den Einzug von Feuchtigkeit, Frost, Pilzen und Fäulniß zu betrachten. Freilich weiß ich wohl, daß die Elemente täglich das ihrige dazu thun, das Ausästen für viele forstliche und gärtnerische Zwecke sich nicht entbehren läßt, es aber doch vorsichtiger und sparsamer geschehen könnte, als es z. B. namentlich beim Versetzen der Bäume oft geübt wird. Doch gehört eine weitere Ausdehnung dieser Untersuchungen nicht hierher. Möge überhaupt ihre hohe Bedeutung für die Erhaltung der schönen Formen und des Lebens unserer Bäume, der Hauptzierden der Vegetation, niemals unterschätzt werden.

Breslau, den 14. Februar 1869.

Erklärung der Tafel V.

Fig. 1. Die Kreuzfigur in dem Berg=Ahorn von Lam=
persdorf. Natürliche Größe nach photographischer Aufnahme.
a. und b. die breiteren Kreisausschnitte, c. und d. die schmäleren,
e. die Markcylinder, f. die Jahresringe.

Fig. 2. Längsschnitt der vorigen durch das Centrum, um
das Durchgehen der Figur zu zeigen. a. der Markcylinder,
b. die scharf abgeschnittenen Ränder der Figur.

Fig. 3. Der untere Theil des Stammes der Ahorn nach
photographischer Aufnahme etwa im vierten Theil der natürlichen
Größe. Bei a. Anfang der Bildung der Kreuzfigur, bei b. und
c. Fortschreiten derselben, d. Theilung, e. abgehauener Ast, in
dem keine Zeichnung enthalten ist, f. Fortsetzung des Astes mit
weiterer Ausbildung derselben bei g., h. und i.

Fig. 4. Erster Anfang der Bildung bei Fig. 3. a. Zwei
schwärzliche Punkte an der künftigen Peripherie, von wo aus nach
dem Mark hin eine kegelförmige schwach entfärbte Stelle sich
hinzieht.

Fig. 5. Weitere Ausbildung bei Fig. 3 b.

Fig. 6. Dergleichen bei Fig. 3 c. a. schwärzliche Begränzung
im Innern.

Fig. 7. Desgleichen vollständige Ausbildung des Kreisausschnittes bei Fig. 3 g.

Fig. 8. Desgleichen im Anfange der Bildung des zweiten
Kreisausschnittes bei Fig. 3 h. a. Tropfenförmige Ausscheidung.

Fig. 9. Weitere Ausbildung mit 2 Schenkel bei Fig. 3 i.
a. Tropfenförmige Ausscheidung.

Fig. 10. Stämmchen von Celtis occidentalis im Innern
vom Froste afficirt. a. die einzelnen Stellen.

Fig. 11. Querschnitt eines theilweise erfrorenen Stämmchens
von Cytisus Laburnum, Bohnenbaum. a. Die dreieckige erfrorne Stelle.

Fig. 12. Von demselben aber 2 Zoll höher. Dieselbe Figur
b. mit einem Ansatz zu einem zweiten Kreisausschnitt.

Fig. 13. Querschnitt von einem Bäumchen derselben Art, welches im Innern in Folge von Frost an einzelnen Stellen ge= schwärzte fächerförmige, hier aber nicht weiter abgebildete Flecken erkennen ließ, auf der abgebildeten etwas davon entfernten Seite aber eine vierarmige, wo möglich noch regelmäßigere Kreuzfigur als in Fig. 1 zeigte.

Fig. 44. Querschnitt einer Ulme (Photogr. die Hälfte der natürlichen Größe) (Ulmus campestris), bei a. mit einer über= wallten Frostkluft, b. die Ueberwallungsschichten, c. stehenge= bliebene mit überwallte Rinde, d. der durch den Frost afficirte schwach blaß=grau gefärbte Theil des Stammes.

Fig. 15. Querschnitt des Astes eines alten Aepfelbaumes, der an mehreren Stellen durch Reiben an benachbarten Aesten und durch abgehauene Aeste, durch Feuchtigkeit und auch durch Frost vielfach destruirt ist. a. Ein vollständiger verkehrt konischer Kreis= ausschnitt, b. ein seitlicher, rechtwinklich abstehender, unregelmäßig gebildeter, c. a gegenüberstehender, erst im Anfange der Bildung begriffener. Natürliche Größe.

Fig. 16. Querschnitt eines Ahornstämmchens in natürlicher Größe. a. Markcylinder, b. trianguläre Querschnitte der zu zwei gegenüberstehenden Aesten gehörenden geschwärzten und bereits destruirten (humificirten) Holzbündel.

Druck von Graß, Barth und Comp. (W. Friedrich.)

Tafel III.

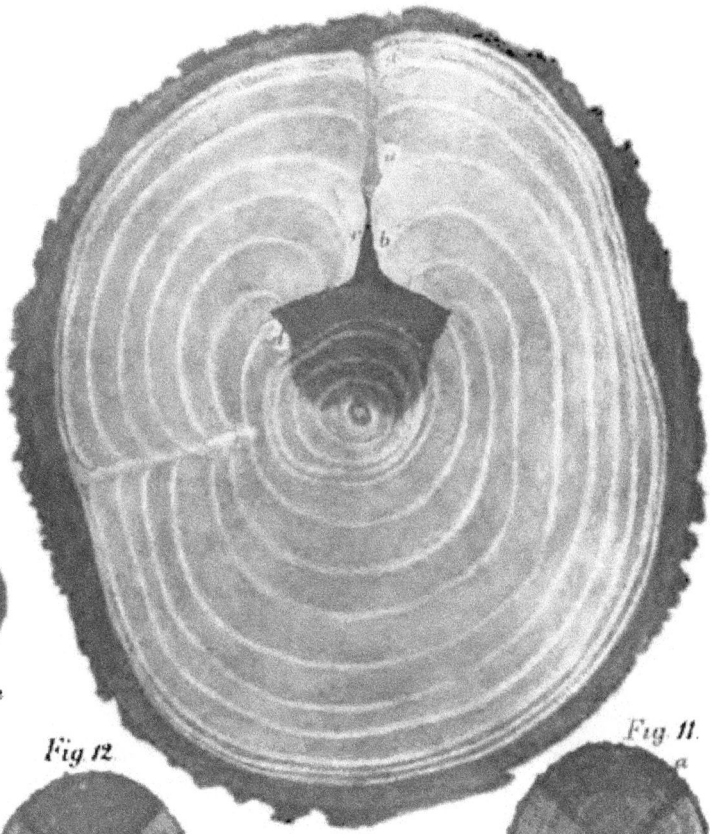

Fig. 14.

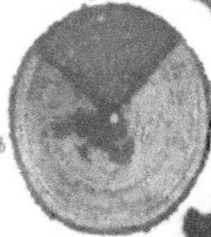

Fig. 12.

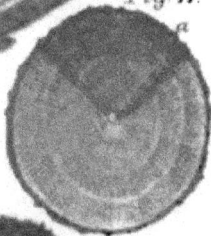

Fig. 11.

Fig. 15.

Nachträge

zu der Schrift

über

Inschriften und Zeichen in lebenden Bäumen,

sowie

über Maserbildung.

Von

Professor Dr. H. R. Göppert,

Geheimer Medicinalrath und Director des botanischen Gartens.

Mit 3 Tafeln in Quart.

Breslau, 1870.

E. Morgenstern.

Im vorigen Jahre veröffentlichte ich Untersuchungen über das Vorkommen von Inschriften und Zeichen im Innern von Bäumen und bestrebte mich auch, durch Abbildungen diese obschon sehr natürlichen, dennoch oft genug falsch gedeuteten Vorgänge zu erläutern.*) Ihre Erhaltung wird einerseits durch die Unfähigkeit des Holzkörpers, neues Holz zu bilden, andererseits durch die zwischen Rinde und Holz thätige Bildungsschicht oder das Cambium vermittelt, welche alle Lücken auf der Oberfläche des letzteren auszufüllen strebt und sich wie eine flüssige Masse über dieselbe ergießt. Dieser Ausfüllung und demnächstigen Einschließung unterliegen nicht bloß die zarten, kaum die äußersten Holzringe durchdringenden Inschriften, sondern auch alle anderen, in den Bereich dieser Schicht gelangenden Körper, und es ist dann natürlich bei ununterbrochenem Wachsthum nur eine Frage der Zeit, ob sie später mehr oder weniger tief im Innern des Stammes gefunden werden. In der Einleitung zu genannter Schrift habe ich auf viele Fälle dieser Art hingewiesen**), die auch in der That in der Natur selbst, insbesondere in alten Gebirgswäldern vorkommen, in denen man nicht selten mächtige Steine von dem unteren Theile der über den Boden erhabenen Fichten, Buchen ꝛc. mehr oder weniger vollständig umfaßt wahrnehmen, auch das auf gleicher Ursache beruhende Zuwachsen hohler Bäume beobachten kann, wie dies namentlich bei Linden zu den ganz gewöhnlichen Erscheinungen gehört.

---

*) Ueber Inschriften und Zeichen in lebenden Bäumen 37 S. 8. mit 5 lithographirten Tafeln in 4., in Breslau in Commission bei E. Morgenstern (früher Aug. Schulz et Co.), 1869. — Jahrbuch des Schlesischen Forstvereins für 1868, S. 252. —

**) Diese Eigenthümlichkeit ward bis auf die neueste Zeit in einem kleinen Dörfchen Wäldchen oberhalb Charlottenbrunn benutzt, um das Andenken an die einstige Anwesenheit von Friedrich dem Großen zu erhalten. Friedrich

Ganz in dieselbe Kategorie gehört unstreitig das von mir auf
Seite 15 erwähnte, von Nolte in Kiel (Amtlicher Bericht über die
24. Versammlung deutscher Naturforscher und Aerzte in Kiel im September 1846, Kiel 1847, pag. 202.—203) beschriebene Vorkommen
einer Inschrift, welche mit der Rinde durch einen im ganzen Umfange
geführten Schnitt isolirt, darauf mit der Inschrift zugleich überwallt
und nach geraumer Zeit, nach 110 Jahren, im Innern aufgefunden
wurde. Jedenfalls erfolgte hier die Ueberwallung erst allmälig von
allen Seiten und es dauerte gewiß mehrere Jahre, ehe die Schichten
die in diesem Falle als fremder Körper zu betrachtende Rinde mit der
Inschrift selbst erreichten und nur die hier vorhandenen Vertiefungen
ausfüllten, wie man dies bei absichtlich gemachten oder zufälligen Verletzungen bei Bäumen zu beobachten vermag.

Mein Herr College Professor Koch, der in einer Anzeige
meiner Schrift dieses Falles speciell erwähnt (Wochenschrift 2c. für
Gärtnerei und Pflanzenkunde Nr. 27 1869), scheint einiges Bedenken
über die von mir gegebene Erklärung zu hegen, die ich jedoch selbst
nach wiederholter Erwägung nicht theile, sondern meine, daß sie ganz
und gar den andern erwähnten Fällen sich anreihe. Daß, wie er auch
erwähnt, die ersten Jahresringe sich sehr unregelmäßig ablagern, finde
ich auch ganz in der Ordnung, da das Cambium, eine rein flüssige
Masse, die Unebenheiten und Lücken der Oberfläche nur ausfüllt und
erst nach Beseitigung dieser Hindernisse dem gewohnten Gange zu folgen
pflegen. In abgelegenen Waldungen findet man nicht selten die auf
der Schnittfläche zurückgebliebenen Splitter auf Tannenstöcken in den
Ueberwallungsschichten eingeschlossen, wovon ich mir erlaube ein Paar
Abbildungen zum näheren Beweise des Gesagten, wenn es dessen noch
bedarf, noch beizufügen. Tafel I Figur 1'. Ein Verticalschnitt durch
einen überwallten Weißtannenstock nach photographischer Aufnahme
(Hälfte der natürlichen Größe). a der alte Stock an verschiedenen
Stellen bei b schon zum Theil verrottet, bei c die von allen Seiten

---

der Große befand sich im December 1760 einige Tage im Schlosse zu Tannhausen
und ließ während dieser Zeit auf einem 1 Stunde davon bei dem oben genannten Törschen liegenden Berge ein Blockhaus und eine Verschanzung zur Deckung
der von Tannhausen nach Waldenburg führenden Straße errichten. Während
einer Besichtigung derselben ward sein Pferd an eine bei einem Hause befindliche
Linde gebunden. Der Besitzer des Baumes befestigte zum Andenken einen eisernen
Ring in diesen Stamm, seine Nachfolger bei zunehmendem Dickenwachsthum nach
und nach mehrere, so daß sich bis zum Jahre 1850 vier unter einander zusam-
menhängende Ringe bereits in demselben befanden, als ein Sturm den Baum
zerbrach. Doch hat man Sorge getragen, seine Reste wenigstens zu erhalten.

heranſtrebenden, noch unregelmäßigen Ueberwallungsſchichten, welche bei
d einen in prekärer Lage ſtehen gebliebenen Splitter des Stockes ein=
ſchloſſen, bei c endlich das Niveau erreichten und ſich nun gleichmäßig
über die ganze Fläche verbreiteten. In Tafel I Figur 2, ebenfalls ein
Längsſchnitt eines Weißtannenſtockes, zeigen die Ueberwallungsſchichten
einen noch unregelmäßigeren Verlauf, weil der alte, tiefer ausgefaulte
Stock ihnen einen größeren Spielraum darbot. a die knollenförmigen, zum
Theil durchſchnittenen Gebilde derſelben, b die von ihnen eingeſchloſſenen
Splitter des alten Stockes, c die vollſtändigen, regelmäßig ſich erſtrecken=
den, darauf ruhenden Holzlagen. In meiner Schrift habe ich nur
Inſchriften beſchrieben und abgebildet, deren Urheber ſich begnügten,
ſie nur den oberſten Holzlagen anzuvertrauen, daher denn auch der Ge=
gendruck auf den nach außen liegenden Holzlagen kaum etwas erhaben
erſcheint. Wenn ſie aber tiefer eingeſchnitten wurden, bietet dieſer eben
durch ſein bedeutendes Relief einen höchſt frappanten Anblick dar, der
aber bei näherer Betrachtung alles Sonderbare verliert und nach den
eben gegebenen Erläuterungen erkennen läßt, daß es ſo und nicht anders
ſein konnte. Die Abbildung eines ſolchen Exemplars, ½ Zoll tief in
einen Eichenſtamm offenbar mit ſehr ſcharfem Werkzeug eingeſchnittener
Buchſtabe Z auf Tafel II mag für die Richtigkeit meiner Anſicht
ſprechen. Ich verdanke es meinem Freunde Koch, welcher es von dem
Eigenthümer Herrn Hofrath Dr. Schwabe in Deſſau erhielt und mir
gütigſt zur Publication überließ. Figur 1 in natürlicher Größe; der
Buchſtabe iſt 5 Zoll hoch, faſt 3 Zoll breit und ½ Zoll tief eingeſchnitten,
das ganze Stück Holz mit dem Einſchnitte 8 Zoll lang und 4 Zoll
breit, leider ohne Rinde, die auch der Angabe nach vorher offenbar eben
nur an dieſer Stelle in der nächſten Umgegend des Schnittes entfernt
worden ſein ſoll, ſo daß die Ausfüllung, deren Relief ſich an dem
äußeren Stück Figur 2 befindet, nur von den entfernter liegenden Theilen
der Rinde zu erfolgen vermochte. Die Ausfüllung beſteht natürlich nur aus
Holz und würde, wenn es erlaubt geweſen wäre, ſie tiefer einzuſchnei=
den, eben nur die ſchon oben von Koch erwähnte unregelmäßige oder
verworrene Ablagerung von Holzlagen darbieten, wie dies das Innere
unſeres Weißtannenſtockes Tafel II Figur 2 bei a zeigt. Wahrſchein=
lich ſah man ſich auch wohl zur Entfernung der Rinde genöthigt, weil
es bei der riſſigen und ungleichen Beſchaffenheit derſelben, wie ſie
Eichen eigen iſt, nicht möglich war, ein erkennbares Zeichen einzuſchnei=
den. Der betreffende Eichbaum ſoll nämlich zu dem Wörlitzer Forſte
bei Deſſau gehört und bei den am Anfange dieſes Jahrhunderts noch
gebräuchlichen Parforcejagden zu einem Stelldichein gedient haben. Der
von Koch a. a. O. gegebenen Deutung ſtimme ich ganz bei und ſehe

auch in dieser Inschrift hinsichtlich ihres ganzen Verhältnisses keinen andern als einen zeitlichen Unterschied, indem die tiefere Verletzung des Stammes einen größeren Zeitraum zu ihrer Ausfüllung bedurfte. Auch theile ich seine Ansicht, daß alle diese Beobachtungen, wie ich schon 1842 (Ueber die Ueberwallung der Tannenstöcke und über die Existenz eines absteigenden Saftes in unseren einheimischen Bäumen, mit einer Folio-Tafel, Verhandlungen des Schlesischen Forstvereins 1852, S. 355—360) nachgewiesen, auf's Neue bestätigen, daß die Neubildungen vorzugsweise aus einer um den Stamm-gehenden Cambialschicht erfolgen, und dabei dem Stamme selbst inclusive der in ihm besonders thätigen Markstrahlen nur eine secundäre Bedeutung zuzuschreiben ist. Denn als Hauptbeweis gilt, daß ein vollständig entrindeter Stamm seine Existenz nicht zu fristen vermag, ein jedoch vom Holz völlig getrenntes, aber mit der übrigen Rinde noch zusammenhängendes Rindenstück im Stande ist, ganze neue Holzlagen, ja Stämme zu erzeugen, wie aus meinen letzt angeführten Beobachtungen hervorgeht und insbesondere fast in jeder hohlen Linde an irgend einer Stelle wahrzunehmen ist.

Jene Ablagerungen von knolligen unregelmäßigen Holzmassen, welche eben nur so unregelmäßig erscheinen, weil ihnen eine passende Unterlage fehlt (Tafel II Figur 2), bezeichnet man auch wohl mit dem Namen Maserbildungen und zwar als Knollenmaser, wie sie schon Meyen nennt und ihren Ursprung ganz richtig erklärt, hat sie aber wohl von den eigentlichen Masern oder Maserkröpfen zu unterscheiden. Diese entwickeln sich aus mehr oder weniger großen Massen von Adventivknospen und den daraus hervorsprießenden Aestchen, deren Narben ähnliche Holzkreise durch die Verwachsung sich gegenseitig schneiden, endlich einander in ihrer Entwickelung stören und zu Grunde gehen. Wenn sich nun bei weiterem Wachsthum des Stammes neue Holzlagen darüber lagern, können sie natürlich nur sehr ungleich und mannigfaltig gewunden erscheinen wegen der Tiefen und Erhöhungen darbietenden Basis, die sie auszufüllen haben; knollenförmige Bildungen daher nicht ausbleiben. Es wäre daher wohl am passendsten, in der Wissenschaft die Unterschiede von Knollen und Kropfmasern ganz aufzugeben und unter Masern alle von der regelmäßigen peripherischen Lagerung der concentrischen Holzkreise abweichenden Bildungen zu verstehen, die eben durch ungleichförmige Beschaffenheit der Unterlage, der das Cambium oder die Bildungsflüssigkeit gleich einer Form zu folgen strebt, hervorgerufen werden. Hartig's, Schacht's, Ratzeburg's

(Raßeburg's Waldverderbniß ꝛc. Band I. 1866 pag. 40 und an vielen
anderen Orten) früher ausgesprochene dieöfallsige Ansichten stehen damit
in Einklang.

Nach den gegebenen Definitionen können natürlich Maserbildungen
bei allen Bäumen vorkommen und sind auch in der That schon von
sehr Vielen notirt, doch von einer viel größeren Zahl wohl eben nur nicht
beachtet worden. Am bekanntesten sind durch Größe sich auszeichnende
und den Technikern am erwünschtesten, Masern von Ahorn, Ulmen,
Birken, Pappeln, Erlen, Linden u. s. w. Nachdem ich auf Tafel II
Figur 2 eine bildliche Darstellung der Entstehung der Knollenmaser
gegeben, möge auf Tafel III auch noch die der Kropfmaser folgen. Tafel III Figur 1 Maser auf einem bereits entrindeten Ast
des Maaßholder Acer campestre. a die in ihrer Entwickelung ge-
hemmten Aeste in Gestalt von konischen Stacheln; bei b ein durch
ihre Basiö geführter Querschnitt. Man erkennt die jedem einzelnen
Aste zugehörenden zuletzt sich schneidenden Holzkreise. Querschnitte durch
die Rinde des von Raßeburg (l. c. II pag. 313) abgebildeten Pracht-
maserstammes würden ähnliche Figuren liefern. Figur 2 Maser auf
dem noch berindeten Aste eines Birnbaumes, a die einzelnen Gebilde
mit den abgestorbenen kleinen Zweigen, die erst im Querschnitt bei b
ihre Beschaffenheit erkennen lassen, ähnlich wie Figur 1 b.

Breslau, den 2. Februar 1870.

Erklärung der Tafeln.

Tafel I Figur 1 und 2 Verticalschnitte durch vollständig überwallte Stümpfe von Weißtannen Pinus Picea und bei Figur 2 b
Knollenmaserbildung.

Tafel II Inschrift Z in einer Eiche. a Einschnitt, b Relief.

Tafel III Kropfmaserbildungen. Figur 1 Acer campestre,
Figur 2 Pyrus sylvestris.

Die vertiefte Beschaffenheit des Buchstaben Z auf Taf. II. Fig. 1 (a) ist sehr wenig
gelungen, weswegen um Nachsicht gebeten wird.

Druck von Graß, Barth und Comp. (W. Friedrich) in Breslau.